趣味物理学续编

〔俄〕雅科夫·伊西达洛维奇·别莱利曼 著

李薇薇 译

四川大学出版社
SICHUAN UNIVERSITY PRESS

图书在版编目（CIP）数据

趣味物理学续编 /（俄罗斯）雅科夫·伊西达洛维奇·别莱利曼著；李薇薇译. — 成都：四川大学出版社，2024.6

ISBN 978-7-5690-5295-4

Ⅰ. ①趣… Ⅱ. ①雅… ②李… Ⅲ. ①物理学－普及读物 Ⅳ. ① O4-49

中国版本图书馆 CIP 数据核字（2021）第 277776 号

书　　名：趣味物理学续编
　　　　　Quwei Wulixue Xubian
著　　者：〔俄〕雅科夫·伊西达洛维奇·别莱利曼
译　　者：李薇薇

选题策划：王小碧　宋彦博
责任编辑：宋彦博
责任校对：李畅炜
装帧设计：牧田文化
责任印制：王　炜

出版发行：四川大学出版社有限责任公司
　　　　　地址：成都市一环路南一段 24 号（610065）
　　　　　电话：（028）85408311（发行部）、85400276（总编室）
　　　　　电子邮箱：scupress@vip.163.com
　　　　　网址：https://press.scu.edu.cn
印前制作：北京牧田文化传播有限公司
印刷装订：北京长宁印刷有限公司

成品尺寸：170 mm×240 mm
印　　张：14.75
字　　数：252 千字

版　　次：2024 年 6 月 第 1 版
印　　次：2024 年 6 月 第 1 次印刷
印　　数：1-10030 册
定　　价：49.00 元

本社图书如有印装质量问题，请联系发行部调换

扫码获取数字资源

四川大学出版社
微信公众号

目 录

第一章 力学

升到大气层就可以免费旅行吗?

17世纪,有一位法国作家西拉诺·德·贝尔热拉克写了一本讽刺小说——《另一个世界:月球上的国家和帝国谐趣史》(1652年),书中谈到一件他亲身经历的奇怪事情。

一次,他在做物理实验时,不知为什么,他和用来做实验的玻璃瓶竟然一起升到了空中,几小时后才落回地面。更令人惊奇的是,他发觉自己已经不在法国,甚至都不在欧洲了,而是到了北美洲的加拿大。然而,对于自己横跨大西洋的旅行,这位法国作家并没有大惊小怪,反而认为是很自然的。他解释说:在一个旅行家不由自主地离开地球表面时,我们脚下的行星还是如以前一样做自西向东的转动,因此,当他落回地面时,他的脚下已经不是法国,而是美洲大陆了。

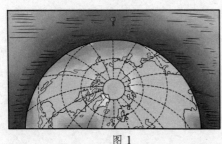

图1

如此一来,这将是多么便宜而简单的旅行方法啊。只要上升到空中,即使只停留几分钟,就可以降落到西方甚至很远的地方,再也不用经历爬山渡河、越洋过海的疲劳了。只需在空中静静地等着,地球就会自动把目的地送到旅行家的脚下(见图1,注意所画的地球和气球并非等比例)。

遗憾的是,这种想法只不过是一种幻想罢了。首先,我们上升到空中时,事实上并没有脱离地球，而是依然跟它的大气层保持着联系，我们只不过是悬在了随着地球自转而运动的地球大气里。空气，尤其是比较"密实"的下层空气，会带着在它里面的一切，如云、飞机、各种飞鸟和昆虫，随着地球一起旋转。假如空气不跟着地球转动，那么我们站在地球上，就会经常感觉到有大风刮来，而且这种大风非常强劲，相比较而言，现在地球上猛烈的飓风①跟它一比，都要柔和多了②。我们知道，即使我们站着不动，让空气从身旁流过，或者反过来，空气不动，我们在空气里前行，都是完全一样的，无论哪种情况，我们都会感觉到有很大的风。摩托车运动员用100千米／时的速度驾车前行，就算是在完全没有风的天气里，他也会觉得有很大的逆风。

这是其一，其二是就算我们升到了大气的最高层，或者说地球外面没有这层空气，此时，那个法国讽刺小说家幻想出来的便捷旅行方法，依然是不切实际的。事实上，我们离开旋转的地球表面后，因为惯性的作用，还是会按照原来的速度继续运动。换言之，我们还是会保持我们在地球上运动时的速度继续运动着。所以，当我们落回地面时，还是会落到原来出发的地方③。这就好比我们在飞驰的火车中向上跳起，还是落在原地一样。当然，惯性会让我们沿着切线做直线运动，而我们脚下的地表却做着弧线运动，但是在极短的时间内，这是没有什么影响的。

若地球突然停止转动会怎样？

英国作家威尔斯曾经写过一篇幻想小说，谈到一个办事员是如何创造奇迹的。这个年轻人虽然不太聪明，但是他生来就具备一种奇特的本领：只要

---

① 一般来讲，气象学上把大西洋和北太平洋地区强大而深厚（最大风速达32.7米／秒，风力为12级以上）的热带气旋称为飓风，也泛指一切热带气旋以及风力达12级的大风。飓风中心有一个风眼，风眼越小，破坏力越大。其意义和台风类似，只是产生地点不同。——译者注

② 在圣彼得堡的纬度上，如果空气不跟地球一起旋转的话，那么我们感受到的风速将达到230米／秒，也即828千米／时。

③ 因为空气阻力，实际落点会偏离出发点，但不会像小说家幻想得那样偏离很远。

说出他的愿望，这个愿望就能马上实现。但是他的这种本领除了给自己和别人带来不愉快之外，什么好处都没有带来。这个故事对我们还是很有教育意义的。

在一次夜宴结束后，因为宴会举行的时间有些长，这个办事员害怕回家时天已经亮了，于是就想使用自己的特异功能把黑夜延长。要怎样才能达到效果呢？命令所有的天体停止运动？这个办事员并没有立刻采取这样的行动，但是他的朋友却在一旁怂恿他，叫他让月亮停止运动。于是，他就看着月亮，陷入沉思。

"叫月亮停住？我觉得它离我们太远了……你不觉得吗？"

美迪格①竭力劝说："为什么不试一试呢？如果它不会停止，你让地球停止运动就可以了，我想，这大概对谁都不会有坏处吧！"

"嗯，"福铁林②说，"好吧，就让我来试一试。"

于是福铁林就做出发送指令的姿势，伸出双手严肃地喊道：

"地球，停下来，不准再转了！"

这句话还没说完，他和他的朋友已经以一分钟几十英里③的速度飞入空中了。

尽管这样，他还是能够继续思考的，多亏了他在不到一秒钟的时间里，想到并说出了一个新的愿望，那是关于他自己的：

"无论如何，得让我活下去，别遭殃才好！"

庆幸的是，他这个愿望提出得正是时候。几秒钟后，他发现自己降落在一处好像刚刚发生过爆炸的地面上，周围遍布石块、倒塌的建筑物碎片，各种金属制品不断从他身边飞过去，但没有一片撞到他身上。一头遭难的牛飞过去了，落在地面上时撞得粉身碎骨。惊人的大风呼啸着，他甚至都不能抬起头来看看周围的一切。

他用断断续续的高音喊叫着："真是莫名其妙，发生了什么事？为什么会有狂风呢？不会是因为我做了什么事惹的祸吧？"

---

① 美迪格是办事员的朋友的名字。

② 福铁林是这位办事员的名字。

③ 1 英里 ≈ 1.61 千米。

在狂风中，他透过飘动着的衣襟缝隙努力向四周查看后，继续说道：

"天上的一切似乎都很有秩序。月亮还在原处。但是别的呢……城市哪里去了？房屋和街道怎么没有了？这风又是从哪里来的？我没有呼唤风呀。"

福铁林试着站起来，但是他失败了，只好用双手抓住石头和土堆，努力向前爬。可是没有地方可以去了，他从衣襟的缝隙中向外望去，四周是一片废墟。

"宇宙间一定有什么东西遭受到严重破坏，"他想，"可是究竟是什么呢，我一点也不知道。"

事实上，什么东西都毁了，房屋没了，树木没了，一切生物也都没有了——什么都没有了。只有乱七八糟的废墟和各种碎片四散在他周围，在这个尘埃漫天的狂风中勉强可以看清它们的轮廓。

虽然这个祸首仍然一点都不明白是怎么回事，但这件事解释起来却很简单。他让地球一下子停止了转动，却没有考虑到惯性的作用——在惯性作用下，圆周运动猛然停止时，无可避免地会把地面上的一切抛出去。这就是为什么房屋、人、树木、牲畜——一切没有牢牢固定在地球上的东西，都会沿着地面的一条切线，以枪弹般的速度飞出去。后来，它们又都落回地面上，撞得粉碎。

福铁林也知道他造成的奇迹并不是特别成功。于是，他对奇迹的发生产生了很深的厌恶，下定决心不再创造奇迹了。可是他要把已经造成的灾害挽救一下。这场灾难可不小，狂风刮得很凶，尘土像云一样遮蔽了月亮，远处仿佛还传来了洪水奔袭的声音。在闪电的光辉下，他看到一堵水墙，正以惊人的速度向他躺着的地方冲过来。

这时候他下定决心，对着水高声喊道：

"站住，一步也不许再前进！"然后他又向着雷、电和风，发出同样的命令。

一切都平静下来了。

于是他蹲下来，开始思考。

"最好再也别闹这种乱子了，"他思考之后说，"第一，等我说的几句话都应验了之后，就让我失掉这种创造奇迹的能力吧，从今往后，我要做一个普通人，不需要奇迹了，这玩意儿太危险了；第二，让城市、人们、房屋和我自己，一切都恢复原来的样子。"

从飞机上扔下的东西会落在哪里？

假设你正坐在一架飞得很快的飞机内，路过地面上你熟悉的地方。现在你将要飞过你朋友的住宅了，突然想起来要问候一下这位朋友，于是，你很快拿过便条写了几个字，把便条绑在一块石头上，等飞机刚飞到朋友的住宅上空时，就把石头丢下去。

你兴高采烈地认为石头会落到朋友的院子里，可实际上，虽然院子和住宅都在你的下方，石头却并不会往那里落。

如果你留心观察，就会发现一个奇怪的现象，当这块石头从飞机上往下落时，它仍然在飞机下面，好像在它跟飞机之间有一条看不见的线，它正顺着线往下滑一样。如此一来，等石头落到地面时，它已经在距你预想地点很远的前方了。

在这里"捣乱"的，依然是惯性定律，正如它阻止我们使用贝尔热拉克建议的方法旅行。当石头还在飞机上时，石头是与飞机一起前行的。当石头离开飞机下落时，它并没有失掉原来的速度。因此，在石头落下的同时，它依然会向着原来的方向继续前进。这两种运动，一种是竖直的，一种是水平的，合在一起的结果是，这块石头会一直停留在飞机下方，沿着一条曲线往下飞（当然，这种情况发生的前提是飞机本身并不改变飞行方向和速度）。这块飞行的石头，就像沿水平方向抛出去的物体，例如从一支水平的枪里射出去的子弹，它走的路线总是一条弧线，最后落到地面。

不过，这里要指出，只有不考虑空气阻力时，上面所说的一切才是正确的。现实中，空气阻力阻碍着石头的竖直运动和水平运动。因此，石头不会总是在飞机下面，而是落在飞机稍后面一些。

如果飞机飞得很高很快，石头偏离竖直线的情况会很明显。在没有风的天气里，飞机在1 000米的高空用100千米／时的速度飞行，从飞机上落下的石头，一定会落在竖直落下地点的前面大约400米的地方（见图2）。

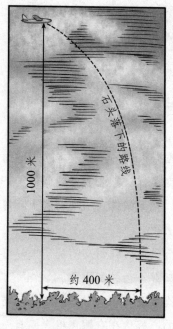

图 2

如果不计算空气阻力，这个计算就一点都不复杂。由匀加速运动的公式 $s = \dfrac{1}{2}gt^2$ 得到 $t = \sqrt{\dfrac{2s}{g}}$。可知石头从 1000 米的高处落地的时间应为 $\sqrt{\dfrac{2 \times 1000}{9.8}}$，也就是约 14 秒。在这个时间里，它用 100 千米 / 时也就是 $\dfrac{100\,000}{3\,600}$ 米 / 秒的速度在水平方向移动的距离是 $\dfrac{100\,000}{3\,600} \times 14 \approx 389$ 米。

空中投弹时炸弹的下落曲线

根据上面所说的内容来看，空军中的投弹手要想把炸弹投到指定位置，是非常困难的。他必须考虑飞机的速度，考虑炸弹在空气里下落的条件。除此之外，还得考虑风的速度。图 3 画的就是从飞机上投下的炸弹在各种条件下所走的不同路径。如果没有风，炸弹就沿着曲线 AF 落下，原因在前面已经讲过。如果是顺风，炸弹就会被吹向前面，沿曲线 AG 落下。如果在不大的逆风里，上下层大气的风向是一致的，炸弹就会沿着曲线 AD 落下；要是如平时那样，下层的风向同上层的风向相反（上层是逆风，下层是顺风），那么，炸弹下落的曲线就会变成 AE 了。

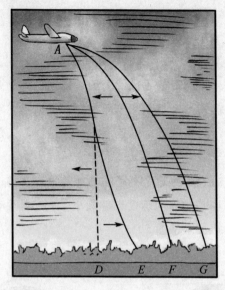

图 3

不停车就上车，在物理学上可行吗？

假如你站在火车站的月台上，月台是不动的，有一列快速列车经过月台，这时你要跳上车去，一定是不容易的。但是，你可以想象一下，如果你所站的月台也在移动，而且移动的速度跟火车相同，方向一致，此时你要上车还有困难吗？

这是非常容易的事情。此时你走上疾驰的火车，就如同你走上一辆停着的火车一样平稳。如果你和火车是同方向、同速度地前进，对你来说，火车就相当于是完全不动的。虽然车轮在转，但是你会觉得它们是在原地转。从严格意义上说，我们平时看到的不动的物体，例如停在火车站的火车，是跟我们一起围绕着太阳转的，但是在实际中，我们并没有理会这些运动，这正是因为这些运动对我们没有一点妨碍。

因此，我们完全有可能制造出这样一个火车站，让火车在经过它的时候不停下来，仍然按照原来的速度前进，而旅客却可以自由上下车。

举行展览会时，往往采用这种设备，以便参观的人快速方便地观赏陈列品。会场两头的广场，使用一条轨道相连，参观的人可以在快速行驶的火车开过广场时自如地上下车。

这种有趣的构造见图4。在图4中，A 和 B 是会场两头的车站（广场）。在每个车站中间都有一个圆形的不动的场地，场地的外圈是一个大转盘。在大转盘外围还有一圈链索，一节节的车厢就挂在链索上。转盘转动时，车厢绕着转盘运动的速度，与转盘外缘的速度一样。这样，人就可以毫无风险地在转盘处上下车。下车后，参观的人可以走向转盘中心，一直走到那个不动的场地中。从转盘的内缘跨入那个不动的场地是很容易的：因为在此地，圆的半径已经很小，所以它的圆周速度也就极小[①]。走到不动的场地之后，人们就可以过桥走出车站了（见图5）。

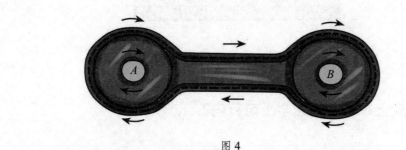

图 4

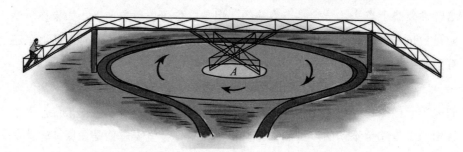

图 5

火车不用停停走走，就可以节省很多时间和能量。例如，城市里的电车，大部分时间和大约三分之二的能量都是消耗在电车离站时的加速运动以及

---

① 很明显，转盘在转动时，它的内缘各点要比外缘各点转得慢得多，因为在相同时间里，内缘各点所走的圆周路线要短得多。

在停车前的减速运动上的 ①。

即使火车站不用特别的活动月台，仍然可以让旅客在火车开着的时候上下车。设想一下，有一列快车从一个不动的普通站台开过，我们希望它在这里不停下来，而旅客又能搭上车。那么，可以让旅客提前坐上停在并行轨道上的另一列火车，开动这列火车，让它的速度跟快车一样。当这两列火车并行前进时，它们相对来说是不动的，此时，只用搭一个跳板，就能把两列车的车厢连接起来，旅客们就能从容地从辅助列车走进快车。如此一来，快车进站就不用停车了。

还有一种设备，也是根据这种相对运动的原理建造的，那就是所谓的"活动的人行道"。这样的设备首次出现在 1893 年芝加哥的一次展览上，后来又在 1900 年的巴黎世界博览会上展出。

这种设备的构造如图 6 所示。五条环形的人行道并列围在一起，每条人行道都由单独的机械开动，速度不同。最外围的人行道运行得很慢，速度为 5 千米 / 时，与平常步行的速度一样。要走上这样一条人行道，应该很容易。跟它相邻的第二条人行道，速度是 10 千米 / 时，如果从不动的地面上直接跳上第二条人行道，应该是有危险的，可是如果从第一条人行道跨到这一条，就不算什么难事了。事实上，相对于速度为 5 千米 / 时的第一条人行道来说，速度为 10 千米 / 时的第二条人行道，只不过是在以 5 千米 / 时的速度前进。如此这般，从第一条跨到第二条，跟从地面跨到第一条一样容易。第三条是以 15 千米 / 时的速度前进，但是从第二条跨上去，也不算难事。第四条是以 20 千米 / 时的速度前进，从第三条跨上去，也很容易。从第四条跨上速度为 25 千米 / 时的第五条，也一样不困难。这第五条人行道就可以把旅客快速送到要去的地方了。到达目的地后，旅客又可以一条一条地往外跨，直到站在不动的地面上。

---

① 刹车时的能量损失是可以减少的，只要在刹车时改接车上的电动机，让它们如同发电机那样工作，把电流还给电网，电车开行时的能量支出就可以减到原来的 30%。

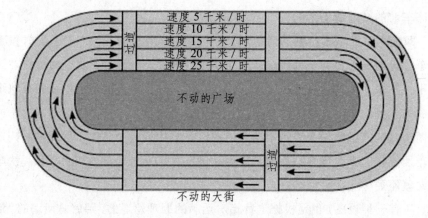

图6

作用力与反作用力的大小永远相等吗？

在牛顿力学的三大定律中，大概只有牛顿第三定律，即所谓的作用和反作用定律最让人费解了。人们都知道这条定律，甚至在某些时候也会正确应用它，但是能够完全理解其含义的人很少。读者朋友们也许有人一下子就会懂得它，但是，我不得不承认，我初次和它相识后，过了十年才算完全理解它。

曾经，我跟许多人讨论过这条定律，也不止一次看到，人们对这条定律的认知是有不足的。他们认为，这条定律对于静止的物体来说，是非常正确的，但是并不知道如何把这条定律运用到运动的物体上……定律中说，作用力永远与反作用力大小相等、方向相反。也就是说，马拉车时，车子也会用同样大的力量往后拉马。可是，如果这样，车子应该会停在原地，为什么它还会往前走呢？如果这两个力量一样大，为什么不会相互抵消呢？

一般人都会产生这样的疑问。那么这条定律不可靠吗？当然不是，定律是完全正确的，只不过我们没有正确理解它。两个力之所以没有抵消掉，是因为它们加在不同的物体上：一个力加在了车上，一个力加在了马上。两个力一样大，这没错。可是，一样大的力就会产生一样大的作用吗？一样大的力能够使任何物体得到一样大的加速度吗？难道说，力对物体的作用与物体本身，以及物体的"抵抗力"大小没有关系吗？

如果明白了这些，那么就能明白马拉车这件事情了。作用在车子上的力和作用在马上的力，在每一个瞬间都是相等的；但是，车有轮子，可以自由移动，而马却立在地面上，因此，车子只好跟着马走。回过头再想想，如果车对马的拉力不起反作用，那么就可以不用马拉车了，用一个极小的力就能让车动起来。但是，在现实中，要克服车的反作用，还得依靠马。

力相同，但力的作用（如果像平常那样，把"力的作用"理解成物体的位置移动）不一定相同，因为受力的物体不同。

当北极的冰①紧紧地挤住"切留斯金"号船身时，船舷也在用同样的力挤压冰。那为什么会发生惨剧呢？因为强大的冰顶住了船舷的挤压，没有被挤碎，而船身虽然是钢材做的，却不是实心的，并不能抵抗这种压力，于是被冰挤坏了。

物体下落时，也会遵循作用和反作用定律，尽管并不能一下子就看出这两方面的力。苹果掉落到地上，是受到了地球引力的作用，可是苹果在这个过程中，也会用完全相等的力去吸引地球。严格来说，苹果和地球是在彼此相向地落下，但是，在落下的速度上，苹果和地球的速度是不同的。两个同样大小的力，一个使得苹果的加速度约为 10 米 / 秒 ^{2}，而另一个则因为地球的质量是苹果的很多倍，使地球得到的加速度实际上可以按零来算。所以我们说，苹果落在了地上，而不是说"苹果和地球彼此相向地落下"，就是这个道理。

大力士斯维雅托哥尔是怎么死的？

有一首民谣是说一个大力士斯维雅托哥尔要举起地球，对，就像阿基米德曾经准备做的那样。如果传说可靠的话，阿基米德需要用到杠杆，并替他

---

① 北极地区稳定的冰盖占据北冰洋海面的 1/3 以上，总面积约为 1330 万平方千米，其中海冰约为 1100 万平方千米，陆冰约为 200 万平方千米。北极地区的海冰中心平均厚度为 3～4 米，并向边缘逐渐减小，就像一个巨大的透镜；格陵兰半岛上的大陆冰层厚度则达 1500 米，有的甚至达 1900 米。——译者注

的杠杆找到一个支点。但是,斯维雅托哥尔有力气,并不需要杠杆,他只需要找到一个能够抓住的东西,让他那有力的手有地方用力。"只要有地方用力,整个地球我都能举起来。"事情非常凑巧,这个大力士在地上找到了一个"小褡裢",它很牢固,"不会松,不会转,也不会被拔出来"。

> 斯维雅托哥尔跳下马,
>
> 双手抓住小褡裢,
>
> 把小褡裢提得高过了膝盖,
>
> 他就齐膝陷到地里面。
>
> 他苍白的脸上没有泪,却流着血。
>
> 斯维雅托哥尔陷在那里,再也起不来了。
>
> 他的一生就此完结。

如果斯维雅托哥尔知道作用和反作用定律的话,他也许会了解到,他用来提起地球的强大作用力也会引起同样大小的反作用力,而这个力会把他自己拉进地里去。

在这首民谣中,我们可以看出,在牛顿初次刊印他的著作《自然哲学的数学原理》(自然哲学即相当于物理学)之前的几千年,人们就已经不自觉地应用作用和反作用定律了。

没有支撑物的物体能运动吗?

走路时,我们用脚"推"开地面或者地板,如果地面或者地板非常滑,或者在冰上,我们的行走就会变得很困难。火车在运行的时候,是在用它的车轮"推"着铁轨。在结冰的地方,为了让火车继续运动,则不得不动用一些特殊装置,比如在机车(火车头)主动轮前面的铁轨上撒上沙子。你知道吗?在最初的设计里,火车车轮和铁轨上都是有齿的,因为当时人们认为车轮必须"推"开铁轨,火车才能前进。再说轮船,则是用螺旋推进器的叶片来"推"开水的;而飞机则是用螺旋桨来"推"开空气的……总之,物体无论在哪种介质里运动，都要靠这种介质来支撑才行。要是物体外围没有什么支撑的东西，它还能运动吗？

要在这种条件下运动，就像抓住自己的头发把自己提起来一样，是不可能实现的。物体不能只用内部力量让自己整体向前运动，但是它可以让自己的某一部分向一个方向前进，同时另一部分向相反的方向前进。你看见过飞行的火箭①吗？你想象过它为什么会飞吗？事实上，火箭就是可以说明我们提到的这个问题的一个最明显的例子。

火箭是怎样飞行的？

即使是研究物理学的人，有时也会对火箭的飞行做出错误的解释。他们认为，火箭之所以能飞行，是因为它利用自身内部火药燃烧所产生的气体来"推"开空气。是的，以前的人们就是这样解释火箭的运动的，哪怕到了如今，还有很多人持这样的看法。但是，你是否想过，为什么火箭在没有空气的空间里飞行时，不但不比在空气中飞得慢，反而飞得更快呢？可见，火箭运动的真正原因，完全是另外一回事。

对于这一点，一位叫基巴里奇的俄罗斯人，曾在一本关于发明飞行器的笔记里，做了清楚简明的记述。

> 做一个一端封闭、一端敞开的铁质圆筒，用压缩的火药将敞口的一端紧紧塞上。在火药的中间有类似管道的空间。……伴随着火药的燃烧，圆筒内产生了朝向各个方向的压力。朝向圆筒四周的压力可以实现相互平衡，但是朝向圆筒底部的压力，因为圆筒是敞口的，所以不会遇到与它相抗的力，就是这个朝向底部的力推动着火箭向前运行。

其实，这样的一个场景，跟大炮开炮后，炮弹向前飞行，而炮身向后退的情形完全一样。你可以想象一下，手枪或者各种火器在发射时所产生的"后坐力"。假如这些大炮悬浮在空中而没有一个支撑点的话，那么炮身在射击

---

① 爆竹、礼花之类，都可以包括在这个"火箭"概念里，它们的原理是完全相同的。

完成后就会向后运动，它的速度与炮弹向前的速度之比，等于炮弹的质量与大炮的质量之比。因此，儒勒·凡尔纳的幻想小说《北冰洋的幻想》里的主人公，想利用大炮的后坐力来做一件大事——"把地轴扶正"。

火箭就是变了形的大炮，不过它射出的不是炮弹，而是火药燃烧产生的高压气体。同样的道理，中国的"轮转焰火"能够旋转着上升，是因为其轮子上装有一根火药管，当火药被点燃时，产生的高压气体会向一个方向冲出，跟火药管相连的轮子，就会向相反的方向运动。

有趣的是，在轮船 [①] 被发明之前，曾经有过一种机器，也是根据这个原理设想出来的。船尾装有强大的压水泵，能把船里储存的水压向船外，借此这条小船就会向前划去。这个设计（列姆齐提出来的）没有实际应用过，但是它对轮船的发明起到了很大作用，因为它向富尔顿暗示了发明轮船的可能性。

我们知道，世界上最早的蒸汽机，是在公元前 2 世纪由古希腊的希罗制造的。他就是根据这个原理，使汽锅 D（见图 7）里的蒸汽通过管子 a、b、c 进入一个安装在水平轴上的球内，然后从两个曲柄管子中冲出，并把管子向相反方向推进，使得球体开始转动。可惜，希罗式蒸汽涡轮机在古代只能成为一种有趣的玩具。因为当时是奴隶社会，劳动力非常廉价，没有人想用机器。但是，科学家们并没有抛弃这个原理。今天，我们用它来建造反动式涡轮机。

---

① 1803 年，美国人富尔顿·罗伯特制造了第一艘以蒸汽机提供动力的轮船。1807 年，他又建造了铁壳轮船，并在美国的哈得孙河上试航成功。这艘船长 45 米，宽 4 米，名叫"克莱蒙特"号。由此，他拉开了蒸汽轮船时代的帷幕。——译者注

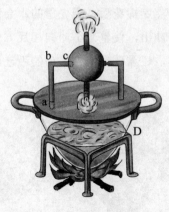

图 7

根据这个原理，牛顿还设计了一种最早的蒸汽汽车：在车上放有一个汽锅，锅里产生的蒸汽向一个方向冲出去，于是，在反作用力推动下，车慢慢前进（见图 8）。

喷气式汽车就是牛顿设计的这种汽车的现代形式。在 1928 年，关于这种喷气式汽车的实验曾被很多报纸和杂志报道过。

图 8

如果你感兴趣，可以参照图 9 做一个纸质的小船，这只小船跟牛顿设计的汽车原理相似。用一个空的蛋壳作为汽锅，汽锅下放一个顶针[1]，顶针里

————————————
① 西式的顶针形状像个小酒杯。——译者注

放一块浸有酒精的棉花。点燃棉花后，蛋壳里的水会慢慢变成蒸汽，此时，一股蒸汽就会向一个方向冲出，使整个小船向相反方向前进。当然，想要做出这么有教育意义的玩具，还需要有相当精巧的手艺。

图 9

第二章 力·功·摩擦

几个力的合力真的是零吗?

《天鹅、龙虾、梭鱼与一车货物》这个寓言,内含一个有意思的力学问题——力学上几个互成角度的力的合成。按照寓言所说的意思,这几个力的方向是:

> 天鹅在冲向云霄,
> 龙虾在往后退,
> 而梭鱼在向水里拉。

这就是说,如图 10 所示,第一个力——天鹅的拉力——向上,第二个力——梭鱼的拉力(OB)——向车的旁边,第三个力——龙虾的拉力(OC)——向车的后面。此外,还有不可忽略的第四个力——货物及车的重力,它是垂直向下的。寓言最后说,"货车还在原地",换句话说,这几个力的合力是零。

让我们看看,果真是这样吗?冲入云霄的天鹅不但不会妨碍龙虾和梭鱼,反而还会帮助它们:天鹅的拉力与货车的重力方向相反,因此减小了车轮与地面、车轴的摩擦,也减小了甚至抵消了货车的重力——因为货车并不是很重(根据寓言里所说,"对它们来说,货车似乎是很轻的")。为了方便理解,我们假定货车的重力被天鹅的拉力抵消掉了。那么剩下的就只有两个力了:龙虾的拉力、梭鱼的拉力。根据寓言的意思,龙虾是往后退的,而梭鱼是向水里拉的。不用说,水一定不会在货车的前面,应该是在某一侧面(寓言中的几个"劳动者"当然不打算把货车拉下水去）。也就是说，龙虾和梭鱼的力是成一定角度的，既然如此，它们的合力一定不会等于零。

我们再按照力学的法则，用 *OB* 和 *OC* 作边，画一个平行四边形。这个平行四边形的对角线 *OD* 就代表着合力的方向和大小。很显然，这个合力应当能够移动货车，而且在货车的全部或部分重力被天鹅的拉力抵消时，就更容易使货车移动了。另外一个问题：货车是向哪个方向移动的？是向前、向后还是向旁边？这就要看这几个力的大小和相互间的角度大小了。

图 10

如果读者对力的合成和分解有些实际经验的话，就不难看出：即使天鹅的拉力不能抵消货车的重力，货车也不会停在原地不动。只有在一种情况下，这三个力的作用才能使货车不动，那就是车轮跟车轴和地面的摩擦力比合力大。但是这样又与寓言中的情景不合，因为"对它们来说，货车似乎是很轻的"。

这样一来，无论哪种情况，都不能肯定地说"货车一点都没动""货车现在还在原处"。不过，这并没有降低这个寓言的思想性。

各自用力的蚂蚁如何搬动猎物？

上文中提到的寓言，告诉我们一则处世箴言："朋友之间，如果不能统一意见，将会一事无成。"但是，这在力学上并不是普遍适用的——几个方向不同的力，还是能够产生一定效果的。

有人曾经称赞过蚂蚁是最堪称模范的劳动者[①]。但是，很少有人知道，这些蚂蚁在工作中，正是按照这位寓言作者所嘲笑的方式"协同"工作。一般来说，它们之所以能够完成任务，正是由于力的合成规律。如果你在蚂蚁工作时仔细观察它们，就能发现，它们之间表面上像是协作，事实上却是每只蚂蚁都各管各的工作，根本没想过要帮助同伴。请看一位动物学家所描写的蚂蚁工作场景：

> 假设有十只蚂蚁在平坦的地面上拉动一个挺大的捕获物——比如说是一条毛毛虫，所有的蚂蚁都在用力，表面上看，它们是在协作，但如果遇到了障碍物（草根或者小石头）而不能前进，必须绕着弯儿走时，可明显看出，每只蚂蚁都是各管各的，并不是协同跃过障碍物的（见图11和图12）。一只蚂蚁向右拉，一只蚂蚁向左拉，一只蚂蚁向前推，一只蚂蚁向后拖。它们更换着位置，咬着毛毛虫的身体，每只蚂蚁都按照自己的意思推拉。有时就会出现这样的场景：4只蚂蚁推着毛毛虫向一个方向前进，6只蚂蚁则推着毛毛虫朝着另一个方向前进，这些力合起来的方向，就是毛毛虫前进的方向。

---

① 据力学家测定，一只蚂蚁能举起重量为其自身体重400倍的东西，能拖运重量为其自身体重1700倍的物体。根据美国哈佛大学的昆虫学家马克莫费特的观察，10多只团结一致的蚂蚁，能够搬走重量为它们自身体重5000倍的食物，这相当于10个平均体重为70千克的彪形大汉搬运3500吨的重物，即平均每人搬运350吨。从相对力气这个角度来看，蚂蚁是当之无愧的"大力士"。——译者注

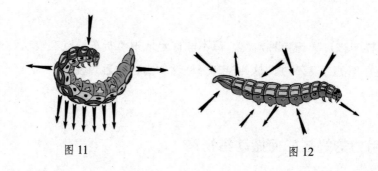

图 11   图 12

    我们再用另外一个例子说明蚁群的这种假合作。图 13 所示是一块干酪，以及咬着干酪的 25 只蚂蚁。干酪沿着箭头 a 方向慢慢移动。我们可能会想当然地认为前排的蚂蚁在拉动，后排的蚂蚁在推动，两侧的蚂蚁在帮着前后排的蚂蚁。但是，实际上并不是这样，很容易就可以证明出来：你用小棍把后面那排蚂蚁全部拨开，会发现此时干酪向前移动得更快了。原来，后面这排蚂蚁并不是在推动，而是在向后面拉动。这里边的每只蚂蚁都竭尽全力向后使劲，想把干酪拖到洞穴里。这样后排的蚂蚁不但没有帮上忙，反而是向后拉，抵消了前排蚂蚁的一部分力。说不定，搬动这块干酪，其实只需要 4 只蚂蚁就够了。就是因为动作不一致，才需要 25 只蚂蚁把它搬到洞穴里。

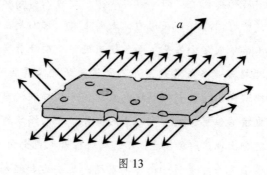

图 13

    令人不可思议的是，蚂蚁的这种"协作"，马克·吐温很早以前就说过。他曾经说过一个故事，讲到了两只蚂蚁，其中一只找到了蚱蜢的腿。他说："它们各自咬住腿的一端，用全力向相反的方向拉动。两只蚂蚁发现似乎有点不对头，却不明白到底是怎么回事，于是开始争吵，并打了起来……后来它们虽然和解了，继续开始这种毫无意义的协同工作，但是在打架的过程中受了伤的蚂蚁却成了另外一个问题——它不肯放弃这个食物，于是吊在食物上面。另外那只健壮的蚂蚁用尽全力把食物和受伤的同伴拖进了洞穴中。"马克·吐温于是提出了一个非常正确的批评意见："只有在光会做不可靠结论的毫无经验的博物学家眼中，蚂蚁才是好的劳动者。"

蛋壳并非想象中那么易碎？

在《死魂灵》一书中，深谋远虑的吉法·摩基维支曾经深入思考过几个问题，其中一个问题是这样的："如果大象会生蛋，那蛋壳应该不至于厚到什么炮弹都打不碎吧！"

果戈理小说中的这个哲学家，如果知道蛋壳虽然很薄，但也不是什么十分脆弱的东西，一定会非常吃惊。例如，把鸡蛋放在两手掌心中间，然后双手用力挤压鸡蛋的两端，鸡蛋是不是很容易被压碎呢？这种情况下，要压碎鸡蛋，需要用很大的力量才行（见图 14）①。

图 14

鸡蛋不易被压碎，是因为鸡蛋的特殊形状。各种拱门之所以很牢固，也是利用了同样的原理。

如图 15 所示，窗顶部分有个小型石拱。大小为 S（即窗顶上面那部分砖墙的重力）的压力向下，压在拱门中心那个楔形石头 M 上，就用箭头 a

---

① 这个实验有一定危险性，碎蛋壳可能会刺破皮肤，所以要小心。

表示。这块石头是楔形的，所以不能向下移动，只能压在相邻的两块石头上。此时力 a 按照平行四边形法则分成两个力，如箭头 c 和 b 所示，这两个力又被相邻两块石头的阻力平衡了，而这两个石块又被挤压在旁边的石块中间。如此一来，从上方压向拱门的力量就不会把拱门压坏。但是，假如从下向上用力，就很容易把它破坏掉，因为石块的楔形虽然能够阻止它下落，却不能阻止它上升。

图 15

蛋壳的形状与这样的拱门类似，不过不是由一块一块的东西叠加而成，而是一体的。蛋壳虽然很脆，但是在受到外来压力时不会轻易破碎，就是这个原因。

现在，大家应该能理解，为什么母鸡下蛋时不会担心自己把鸡蛋压破了吧。同时，也容易理解，为什么弱小的雏鸡想要摆脱天然的"牢笼"时，只需要在里边用小嘴啄几下蛋壳，就很容易出来了。

我们用茶匙侧着敲击蛋壳，很容易就可以把它敲碎，因此就不会意识到，蛋壳在天然条件下承受的压力有多么大，大自然用来保护蛋壳内的小生命的"盔甲"是多么坚固。

阿基米德要用多久才能撬动地球？

图 16 为阿基米德用杠杆撬动地球的想象图。

相传力学家阿基米德曾说过："给我一个支点，我就能撬动地球。"他是杠杆原理的发现者。我们也曾在普鲁塔克①的书中看到："一次，阿基米德给叙拉古国王希伦写了一封信，他与国王既是亲戚，又是朋友。在信中，他说一定大小的力可以移动任何重物。他补充说如果还有另一个地球的话，他就能到上面去，把我们的地球撬动。"

阿基米德知道，如果运用杠杆原理，就能用一个最小的力，把任何东西撬动——不管这东西有多重，只需要把这个力施加在杠杆的长臂上，让短臂对重物起作用。因此，他想到了，如果用力压一根很长的杠杆臂，他就能撬动质量等于地球质量的重物②。

图 16

然而，如果阿基米德知道地球的质量是多少，估计他就不会这样夸口了。我们可以假设，阿基米德真的找到了另一个地球做支点，他也做成了一根足够长的杠杆。那么你知道他必须用多长时间才能把质量等于地球质量的一个重物，撬动哪怕 1 厘米的高度吗？至少需要 30 万亿年！

①　古罗马时代希腊作家，代表作为《希腊罗马名人传》。
②　"撬动地球"这句话，在这里的真实意思是说，在地球表面上撬动一个质量等于地球的重物。

地球的质量，天文学家是知道的。质量如此大的物体，如果拿到地球上来称量，它的质量大约是 6 000 000 000 000 000 000 000 吨。

假如一个人可以直接举起 60 千克的重物，那么他要想"撬动地球"，就得把自己的手放在一根非常长的杠杆上，这根杠杆的长臂长度应当等于短臂长度的 100 000 000 000 000 000 000 000 倍！

粗略地计算一下就知道，当短臂那一头升高 1 厘米时，就得把长臂这一头在宇宙空间中画一个大弧形，弧的长度大约是 1 000 000 000 000 000 000 千米。

换言之，阿基米德要想把地球撬动 1 厘米，他那按着杠杆的手就得移动一个难以想象的距离。那他要用多少时间来完成这件事呢？假设阿基米德能在 1 秒钟内把 60 千克的重物撬动 1 米，那么，他要将地球撬动 1 厘米，就得用去 1 000 000 000 000 000 000 000 秒，约为 30 万亿年！所以，就算阿基米德一辈子都在按杠杆，也不能把地球撬动哪怕是头发丝粗细的一段距离。

拉动大船真的需要大力士吗？

你是否还记得儒勒·凡尔纳的书中有个大力士叫马蒂夫？"头大身高，胸膛如同铁匠的风囊，粗壮的腿像木柱，胳膊如同起重机，拳头像铁锤……"这位大力士的事迹，在小说《马蒂斯·桑多尔夫》中有很多叙述。其中让人印象最深的，应该是他用手拉住了一条正在下水的船"特拉波科罗"号。

对于这件事，小说的作者是这样描述的：

两边支撑船身的物体已移走，只要把缆绳解开，船就会滑入水中。观众们都很兴奋地看着。此时，有一艘快艇绕过岸边凸出的地方，出现在人们面前。这艘快艇要进港口，就必须经过"特拉波科罗"号下水处的前面。所以，快艇发出了信号。大船上的人为了避免发生意外，就停止了解缆绳，让快艇先过去。不然的话，这两艘船相撞——一艘横着，另一艘以极快的速度冲过去，快艇会被撞沉。

工人们停止了动作，全部在注视这条华丽的船。船上的白色篷帆在斜阳的照耀下，如同镀了金一样。快艇很快出现在船坞的正前方，船坞上有上千人在注视着它，突然有人发出一声惊呼："特拉波科罗"号在快艇的右舷对着它的时候，开始摇摆着滑下去了。两艘船马上就要相撞了。此时，已经没有时间，也没有方法可以阻止这场灾祸。"特拉波科罗"号很快地向下滑去……船头上卷起了因为摩擦而起的白雾，船尾已经没入水中[①]。

突然，出现一个人，他抓住了挂在"特拉波科罗"号前部的缆绳，用力一拉，把身子弯得几乎碰到地面。不到一分钟时间，他已经把缆绳绕在了钉在土里的铁桩上。他冒着极有可能被摔死的风险，使出超人般的力气，用手拉住缆绳，大约坚持了十秒钟。最后，缆绳断了，但是这短短的十秒钟已经足够快艇脱险，"特拉波科罗"号进入水中，只是轻微地擦碰了一下快艇，就向前驶去。

快艇脱险了。这个意外事件发生在一瞬间，以至于人们都来不及帮助这个及时阻止意外的人——马蒂夫。

如果小说的作者听到"这个功劳并不需要马蒂夫那样的大力士，因为每个机智的人都能做到"这样的话，那他一定会非常惊讶。

力学知识告诉我们，缠在桩子上的缆绳在滑动的时候，摩擦力可以达到极大。缆绳缠绕桩子的圈数越多，摩擦力就越大。这个摩擦力的增长规律是：如果圈数是按照算术级数增加的，摩擦力就会按照几何级数增加。所以，即使是一个小孩子，只要他能把绳索在一个固定的桩子上缠绕三四圈，然后抓住绳头，就能拽住一个非常大的重物。在码头上，少年们经常用这个方法使载着几百个乘客的轮船靠岸。在这里帮助他们的，不是什么异常的臂力，而是缆绳和桩子之间的摩擦力。

18 世纪的著名数学家欧拉，曾确定了摩擦力跟绳索绕在桩子上的圈数之间的关系。我们把欧拉的公式列在下面，以便读者参考：

$$F = fe^{ka}$$

式中，f 表示我们所使的力，F 表示摩擦力，e 代表自然常数（无限不循环小数，其值约为 2.72），k 表示缆绳和桩子间的摩擦系数，a 表示绕转角（即缆绳

---

① 船下水时，是船尾向前的。

绕成的弧的长度与弧的半径的比）。

把这个公式运用到儒勒·凡尔纳的故事里，结果很令人吃惊。力 F 等于沿着船坞滑下去的船对缆绳的拉力。小说中说到船的质量是 50 吨。假定船坞的坡度是 $\frac{1}{10}$，那么作用在缆绳上的就不是船的全部质量，而是全部质量的 $\frac{1}{10}$，即 5 吨或 5 000 千克。

另外，把 k——缆绳和桩子之间的摩擦系数——的数值算作 $\frac{1}{3}$。α 的数值也很容易算出来。假设当时马蒂夫把缆绳在桩子上缠绕了 3 圈，此时：

$$\alpha = \frac{3 \times 2\pi r}{r} = 6\pi$$

把上述数值代入欧拉的公式中，就得出：

$$5\,000 \times g = 50\,000 = f \times 2.72^{6\pi \times \frac{1}{3}} = f \times 2.72^{2\pi}（重力加速度 g 取 10 米 / 秒 ^2）$$

f 是未知数，也即需要的人力，可以用对数求出来：

$$\lg 50\,000 = \lg f + 2\pi \lg 2.72$$

得出：

$$f \approx 93（牛顿）$$

因此，这个大力士只需要用接近 100 牛顿的力气，就能把缆绳拉住，立下大功。

你别认为 100 牛顿只是理论上的数值，实际上则需要大很多的力。事实上，这个数值在目前来说，已经很大了。古时候人们系船用的绳索是麻绳，桩子是木桩。这两件物品之间的摩擦系数 k 要比上面所用的数值大很多，所以用到的力量就会小很多。只要绳索够结实，能够承受住拉力，即使是小孩子，也能把它在桩子上绕三圈，同样能够立下小说中的大力士所立下的功劳，没准还能远胜于他。

在日常生活中，我们用到欧拉的这一公式的情况是很多的。

比如打结，我们把一根绳子的一端当成桩子，让这根绳子的其他部分缚在上面。各种各样的绳结——普通结、水手结、纽带结、蝴蝶结等——之所以能够打得牢靠，都是因为摩擦力的作用。仔细研究下绳结中的许多曲折，就不难理解这一点了。曲折越多，或者是绳子缠绕自身的圈数越多，它的绕转角就越大，结就越牢靠。

制作衣服的工人在钉纽扣时，也会下意识地运用这个方法。他把线头绕许多圈，然后把线扯断。如此一来，只要线足够强韧，纽扣就不会掉下来。

这里边所用到的，依然是我们所知道的规律：线的圈数以算术级数增多时，纽扣的牢固程度就以几何级数增长。

如果没有摩擦力，我们甚至连纽扣都没办法使用：线在纽扣的重力作用下会自己松开，使得纽扣脱落。

世界上如果没有摩擦现象会怎样？

在我们周围，有着各种各样的摩擦现象，有时会出现在我们不期望出现的地方，有时又表现得非常重要。假如世界上的摩擦现象突然消失了，那么许多普通的现象就会变成另外一番模样了。

法国物理学家希洛姆对于摩擦现象有过这样生动的描述：

有时候，我们走在结冰的路上，为了使自己不至于滑倒，就得用很多力气，为了站稳，又做了很多可笑的动作。这让我们不得不承认，我们平时行走的路面有多么宝贵的性质，由于这种性质，我们才不用特别费力，就能保持平衡。当然，在很滑的路上骑自行车摔倒时，或者是看到马在柏油路上滑倒时，我们也会产生这样的想法。研究了这种现象后，我们可以看出摩擦给我们带来的后果。工程师想尽一切办法来消除机器上的摩擦，并且取得了一定的成绩。在应用力学中，摩擦经常被认为是不好的现象。这不能说不对，但是，这也只是在狭窄的领域里才算是对的。至于在其他情况下，我们应该感谢摩擦：它让我们不用提心吊胆地走路、坐下和工作；使书和墨水瓶不落在地板上，使桌子不会自己滑向墙角，使钢笔在手中不至于滑落。

摩擦无处不在，非常普遍。除了很少几种情况外，其他情况下，不用我们去寻找，它自己就会来帮助我们。

摩擦能够促进稳定：桌子和椅子被放在哪个位置，就待在哪个位置；只要不是在摇晃的轮船里，放在桌子上的杯盘，不用我们特殊照顾，就会完好地留在桌子上。

假如现在没有摩擦了，那么任何物体，无论是大石块，还是小石粒，就会不断向我们奔来。所有的东西，都要滑动、滚动，直到铺成一个平面。如果没有摩擦，地球就会像流体一样，变成一点起伏都没有的圆球。

再补充一点，如果没有摩擦，铁钉和螺钉就会从墙里滑出来。甚至我们的手也不能拿东西了，任何建筑物都不可能建造起来。刮起来的旋风永远不会平息。我们会不断听到回声，因为它从墙壁上反射回来，一点都没被削弱。

每当地面结冰时，我们就更加关注摩擦的重要性了。面对道路结冰，我们会感到毫无办法，随时都会有滑倒的危险。下面是从报纸（1927年12月）上摘录的几段消息：

> "伦敦21日消息，由于地面结冰，街车和电车行动困难。大约有1400人摔坏了手脚等，被送入医院。"

> "在海德公园附近，三辆汽车与两辆电车相撞。由于汽油燃烧爆炸，车辆全部被烧毁。"

> "巴黎21日消息，巴黎城和近郊，由于道路结冰，发生了许多不幸事件……"

但是，在冰上摩擦力很小这一现象，在很多时候可以被合理利用。比如普通的雪橇就是很好的例子。更好的例子是，利用这些"冰路"，把那些砍伐下来的木材从伐木地运输到铁道或者浮送站。在这种平滑的"冰路"上，用两匹马就可以拉动装有70吨木材的雪橇。如图17所示为"冰路"上两匹马拉动载有70吨木材的雪橇时的示意图。A为车辙，B为滑木，C为压紧的雪，D为路上的土基。

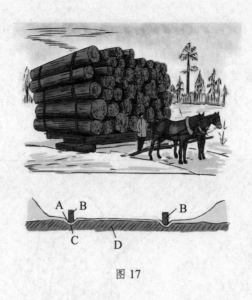

图 17

冰对轮船的摩擦力有多大?

看了上文,你也许会得出结论:任何时候,冰上的摩擦力都可以忽略不计。其实,冰上的摩擦力也是很大的。苏联破冰船的工作人员曾仔细研究过,北冰洋上的冰加在轮船钢壳上的摩擦力(冰对轮船钢壳的摩擦系数为 0.2),大得出人意料,并不比铁跟铁之间的摩擦力(光滑的铁和铁的滑动摩擦系数为 0.3)小很多。

为了弄明白这个数据对在冰区航行的船有多大意义,我们可以参考一下图 18。图中画着在冰块的压力下,船舷 MN 受到的各个方向的力。冰对船舷的压力 P 分解成两个力:跟船舷垂直的力 R 和跟船舷相切的力 F。P 和 R 之间的角等于船舷对竖直线的倾斜角 α。冰对船舷的摩擦力 Q 等于力 R 乘以摩擦系数 0.2,即 $Q = 0.2R$。如果摩擦力 Q 比力 F 小,力 F 就会把压在船身上的冰推向水里,此时冰会沿着船舷滑动,不会让船受伤。如果摩擦力 Q 比力 F 大,摩擦力会妨碍冰块滑动,让冰块长时间压在船舷上,就会把船舷压坏。

那么,何时 $Q < F$ 呢?

很容易得到，$F = R\tan\alpha$，所以 $Q < R\tan\alpha$。又知道 $Q = 0.2R$，所以 $Q < F$ 又可变成：$0.2R < R\tan\alpha$ 或者 $R\tan\alpha > 0.2R$。

从三角函数表里查出，正切函数值是 0.2 的角为 11°。也就是说，在 $\alpha > 11°$ 时，$Q < F$。根据此结论，可以确定船舷对竖直线的倾斜度是多少，才能保证船在冰区安全航行。这个倾斜度应该不比 11° 小。

图 18

现在我们一起来看看"切留斯金"号是如何沉没的。"切留斯金"号实际上是一艘轮船，而不是破冰船。它在白令海峡航行时被冰块挤破了。

冰把"切留斯金"号带到了很远的北方，并把它毁掉了（在 1934 年 2 月）。众所周知，船上的水手等了两个月，直到飞行员把他们救出来。

下面是此次事件的经过。

"坚固的船身并不是一下子被压坏的，"远征队队长施米特在无线电中报告说，"我们看到冰块是怎样压在船舷上，露在冰面之上的船壳向外胀起来，并已经弯曲了。冰块不断向船发动攻击，这种进攻虽然缓慢，却没有办法防御。胀起的船壳的铁板沿着铆缝裂开了，铆钉噼里啪啦飞走。转眼间，轮船的左舷从前舱到甲板的末梢完全撕裂了……"

读了这段话，你应当可以了解那次事故的物理原因了。

从这里也得出一个实用的结论：在建造航行在冰区的船舶时，一定要让船舷有适当的倾斜度，而且这个倾斜度应该不比 11° 小。

木棒为何会自己找平衡？

把一根比较光滑的木棒像图 19 所示那样放在分开的两手的食指上。现在相向移动两个手指，直到合并在一起为止。奇怪的事情发生了，当两个手指碰到一起的时候，木棒依然保持着平衡，不会掉下来。你可以重复试验很多次，每次都改变手指一开始放置的位置，结果都会是一样的：木棒总是保持平衡。如果不用木棒，而是用画图用的直尺、有杖头的手杖、扫地的扫帚，都会出现同样的结果。

图 19

为什么会出现这种结果呢？

首先，我们要明白，木棒在合并在一起的两个手指上保持平衡时，两个手指显然是在木棒的重心正下方。

当两个手指分开时，距离木棒重心近的那个手指，承受的压力比较大。压力大，摩擦力也大。离重心近的手指一定会比离重心远的手指受到更大的摩擦力。因此，离重心近的手指就不会在木棒下面滑动，滑动的总是那个离重心远的手指。当滑动的手指比不滑动的手指更接近重心时，就该换另一个手指滑动了。经过几次这样的交换，两个手指就能并在一起。因为每次只有距离重心比较远的手指移动，所以两个手指最终碰到一起时，必然是在木棒重心的正下方。

在结束这个实验之前，我们用扫帚［见图 20（a）］再做一次实验，并提出这样一个问题：如果从两个手指碰到一起的地方，把扫帚切成两段，然后分别放入天平的两端［见图 20（b）］，那么，哪一头会比较重？

可能有人会说，扫帚的两部分能在手指上保持平衡，那么在天平上也应当是平衡的。但实际情况是，扫帚头要重一些。这是为什么呢？原来扫帚在手指上保持平衡时，两部分的重力是加在一根不等臂杠杆（杠杆支点两边的长度不相等）的两臂上的。而在天平上时，这两部分的重力是加在一根等臂杠杆的两端的。

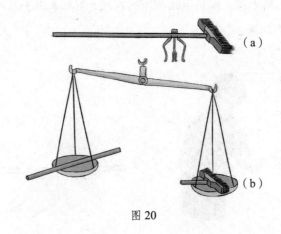

（a）

（b）

图 20

第三章　圆周运动

旋转中的陀螺为什么不会倒？

我们小时候都玩过陀螺，在玩陀螺的成千上万人中，恐怕没有多少人能准确说出竖立旋转的陀螺，甚至是歪斜旋转的陀螺不会倒的原因。是什么力量维持着这种看似不太稳定的状态呢？难道它不受重力的作用？

原来，这里涉及一个极有趣的力的相互作用问题。陀螺的原理并不简单，这里暂时不做深入研究，只谈一下旋转的陀螺不倒的原因。

图 21 所示是一个按照箭头所指方向旋转的陀螺。A 这一边正在离开你，B 这一边正在向你转来。现在，如果使陀螺轴向着你倾倒，A、B 这两部分会有什么变化呢？这时，A 这一边的运动是向上斜，B 这一边的运动是向下斜，陀螺的左右两部分都会得到一种跟原来运动成直角的推动力量。但是，陀螺在旋转时，它的圆周速度非常大，而你推它时带给它的速度却相对较小。

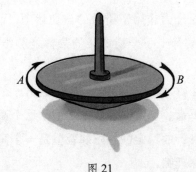

图 21

一个大速度和一个小速度结合后的速度，自然跟圆周的大速度相差不大。所以陀螺的运动基本没变，好像是抵抗着一切想推倒它的力量。同时，陀螺越重，转得越快，就越能抵抗要推倒它的力量。这就是陀螺不倒的原因。

这样的解释，从本质上说跟惯性定律有直接关系。陀螺上的每一个点，都在一个跟旋转轴垂直的平面里沿着一个圆周转。按照惯性定律，每一个点都竭力让自己沿着圆周的一条切线离开圆周。而所有切线都同圆周本身在同一个平面上。因此每一个点在运动时，都竭力使自己一直留在跟旋转轴垂直的那个平面上。而这个跟旋转轴垂直的平面也全力维持自己在空间的位置。也就是说，它也正在努力维持自己的方向。如图22所示，若将旋转着的陀螺抛向空中，它还是能使自己的轴继续保持原来的方向。

图 22

我们不研究陀螺在外力作用下所做的一切运动，因为解释起来很复杂，也会很枯燥。我只想解释一下一切旋转的物体能够维持旋转轴方向不变的原因。

旋转物体的这种性质，正被现代社会广泛运用。在现代轮船和飞机上安装的各种回转仪，如罗盘、稳定器等，都是根据这个原理制造的。旋转的作用保证了炮弹和枪弹飞行的稳定性。陀螺看似是一个简单的玩具，谁知道它还蕴含着这么有用的原理呢。

不打破蛋壳，如何把鸡蛋竖起来？

据传，哥伦布曾提出一个著名的问题：如何把鸡蛋竖起来？他自己给出了一个很简单的解决方法：把蛋壳打破。

这种解决方法其实是不"完美"的。因为打破了蛋壳，就改变了鸡蛋原来的形状，也意味着他竖起来的已经不是鸡蛋，而是另一个物体了。因为这个问题的要点就在于鸡蛋的形状，改变了形状，就等于用另一个物体代替了鸡蛋。所以，哥伦布的解决方法，并没有彻底解决竖立鸡蛋的问题。

我们利用旋转陀螺的原理，在不改变鸡蛋形状的前提下，就能很好地解决这个问题。只需要让鸡蛋沿着自己的长轴做旋转运动就可以了。如图23所示，让鸡蛋的一头朝下，用手指旋转鸡蛋，放开手，鸡蛋还会竖着旋转一会儿。这才是这个问题的真正解决办法。

做这个实验，一定要用煮熟的鸡蛋。这并不与哥伦布的要求相冲突。按照故事中所说的，我们不一定能让生鸡蛋竖着旋转，因为生鸡蛋里面是液体，它会阻碍鸡蛋的旋转。这也是许多家庭主妇都知道的区分生熟鸡蛋的最简单的方法。

图 23

桶旋转得多快，水才不会洒出来？

两千多年前，亚里士多德曾写过几句话："把盛水的器具甩着旋转时，里面的水不会洒出来；甚至把器具翻转过来，水也不会洒出来，因为旋转运动阻止着水洒出来。"图24所示就是这样的实验：水桶旋转得足够快时，即使它底朝天，桶里的水也不会洒出来。也许，我们很多人都做过这样的实验。

此类现象都被解释成是"离心力"的作用导致的。离心力是一种想象的力，物体受到它的作用时，就会远离旋转轴，但是，这种力其实是不存在的。物体之所以要远离旋转轴，是惯性的一种表现。在科学中，离心力的意思不是别的，只是旋转着的物体拉紧束缚住它的线或者压在它的曲线轨道上的实在的力量。这种力量不是加在运动着的物体上的，而是加在阻止物体做直线运动的障碍物——线、转弯处的铁轨等上面的。

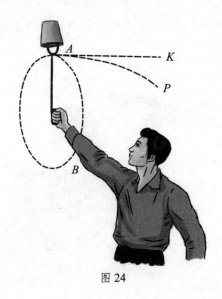

图 24

让我们抛开那种意义不太明确的离心力概念，来研究下水桶旋转时所产生的现象的原因。我们先来假设这样一个问题：如果在水桶壁上开一个小孔，冲出来的水会向哪个方向运动？如果没有重力，这股水会沿着圆周 *AB* 的切

线 AK 冲出去（见图24）。但是，重力作用会让这股水落下来，形成一条曲线（抛物线 AP）。如果圆周速度够大，这条曲线就会在圆周 AB 的外面。所以，这股水会告诉我们，如果不是因为桶阻碍着，它在桶旋转时会走出什么样的路线。现在已经推断出，水根本不会竖直向下运动，因此也不会从桶里洒下来。只有一种情况下，水会从桶里洒出来，那就是桶口朝着旋转的方向。

现在我们再来计算一下，在这个实验中，水桶要旋转得多快，才不至于让水向下洒出来。这个速度应当满足：旋转的水桶的向心加速度不比重力加速度小。只有这样，才能使水冲出来时，所走的路线在水桶所画的圆周外面，即不管桶转到哪里，水都不会从桶里洒出来。计算向心加速度 a 的公式为：$a = \dfrac{v^2}{r}$，式中，v 是圆周速度，r 是圆形路线的半径。众所周知，地球表面的重力加速度 $g = 9.8$ 米 / 秒 ^{2}，因此得出一个不等式：$\dfrac{v^2}{r} \geqslant 9.8$。

假设 $r = 70$ 厘米，那么 $\dfrac{v^2}{0.7} \geqslant 9.8$，即 $v \geqslant \sqrt{0.7 \times 9.8}$，则 $v \geqslant 2.6$ 米 / 秒。

这就容易计算出，要想得到这样大的圆周速度，只需要我们拿绳子的手每秒钟转大约三分之二圈就够了。这样的旋转速度是完全可以做到的，所以实验也会毫无悬念地成功。

在容器沿着水平轴旋转时，液体会压在容器壁上。这种性质已经被用在所谓的离心浇铸上。这里有个主要的因素：不均匀的液体会按照它们的密度一层一层地分开。密度比较大的成分会落在离旋转轴远的地方，密度比较小的成分会落在离旋转轴近的地方。因此，利用这一原理可将熔化的金属里的气泡分离出来，使铸件比较密实，不含气泡。离心浇铸法比普通的压铸法成本低，并且不需要复杂的设备。

是秋千在动，还是屋子在动？

在许多城市中，都有为爱刺激的人预备的一种特别的娱乐项目——"魔术秋千"（见图25）。我并没有玩过这种秋千，所以只能从一本科学游戏集里抄下一段描述它的文字：

> 在距离地面很高的地方，有一根非常坚固的穿过屋子的横梁，梁上挂

着秋千。等大家在上面坐稳后，工作人员会关上门，撤去走进屋子时用的跳板。此时，工作人员会宣布，他要让秋千上的游客们做一个短期的空中旅行，说完后，他就轻轻地推动秋千，而自己坐在后面，如同驾马车的人坐在马车后面一样，或者干脆走出这间屋子。

随后，秋千的摆动幅度越来越大，很快就摆到跟横梁一样高。秋千继续越荡越高，最后绕着横梁旋转了一周。运动越来越快了。虽然大部分荡秋千的人都知道这个游戏究竟是怎么回事，但仍会感觉到自己的的确确在快速摆动，并且觉得自己的头有时候是倒挂着的，所以就本能地抓住所坐的椅子的扶手，以免摔下来。

过了一会儿，秋千的摆动幅度减小，不再跟横梁一样高了。又过了几秒钟，它完全停了下来。

事实上，秋千始终停在那里，并没有动，而是这间屋子在动。在一些非常简单的机件的帮助下，房子围绕着水平轴在游客周围转动。屋子里的各种家具，都是固定在地板上或者墙壁上的。那个罩着大灯罩的电灯，表面上看是最容易掉下来的，其实它也是固定在桌子上的。管理秋千的人好像曾轻轻推动过秋千，让它荡起来，然而，实际上是屋子轻轻地摆动了一下，工作人员只不过是在做推的样子罢了。所以，这一切都是大家的错觉。

这个魔术，真是简单到可笑。但是，即使你现在懂得了这个原理，再去玩这个"魔术秋千"时，依然会受它欺骗。错觉就是有这么大的力量。

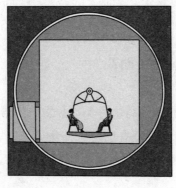

图 25

普希金有一首关于"运动"的诗：

"世界上并没有运动。"一个长着络腮胡须的哲人^①说。

另一个哲人^②没有说话，只是在他面前来回地走。

他这个反驳真是再有力不过了。

人们都赞美这个美妙的答复。

可是，先生们，这件有趣的事情，

却让我想起了另外一个例子：

我们每天都看见太阳在头上走，

然而正确的却是固执的伽利略。

在那些还不懂得"魔术秋千"秘密的游客中，你也许可以做一个伽利略一样的智者。但你跟伽利略有着明显的不同：伽利略曾向人们证明太阳和星星是不动的，是我们自己在旋转，而你要向大家证明，我们是不动的，围绕我们旋转的是整个屋子。

如果你想证明自己的观点是正确的，你会发现有时候并没有你想的那么容易。比如你坐在"魔术秋千"上，希望说服坐在你旁边的人，证明他们的观点是错误的。再比如，跟你坐在一起的是我，我们来争辩。等秋千摆动起来，正要开始绕着横梁"翻跟头"的时候，我们就开始辩论了：究竟是秋千还是屋子在转动呢？不过要做个假设：我们在讨论的时候，是不离开秋千的，并且事先带了一切要用到的东西。

你：我们没有动，而是屋子在动。这一点是不用质疑的。如果秋千真的是底朝上的话，我们就不会只是头朝下挂着，而是会从秋千上掉下来。但是，你看我们并没有掉下来。所以说，转的不是秋千，而是屋子。

我：请你记住，水桶在转得很快的时候，即使它底朝天，里面的水也不会洒出来。自行车在"魔环"里，虽然骑车的人头朝着下面，也是不会掉下来的。

---

①　指希腊哲学家芝诺（生于公元前 5 世纪），他说，世界本是不动的，只因我们有了错觉，所以好像任何物体都在运动。

②　指第欧根尼。

你：既然如此，我们计算一下向心加速度，看它是不是能够阻止我们从秋千上掉下去。知道了我们与旋转轴的距离和每秒的转数，不难按照公式计算出来……

我：不用你计算。制造"魔术秋千"的人知道同我们一样的人会有争论，所以早就告诉过我，每秒的转数完全足够让我们按照我的意思来说明这个现象。所以计算的结果也并不能解决我们的争论。

你：可是我依然没有失去说服你的信心。你看这个玻璃杯中的水，并没有流出来……你也许会说，用你说的"水桶实验"能够驳倒我。那么，我手里还有一个铅锤呢，它始终都朝着我的脚，即它一直朝着下面，如果我们是旋转的，屋子是不动的，这个铅锤就应该始终向着地板。也就是说，它有时候朝着我们头的方向，有时候会朝着旁边的。

我：你错了，如果我们转得非常快，这个铅锤就会一直顺着旋转半径从旋转轴往外抛出去，即它一定像我们看到的那样，始终朝着我们脚的方向。

现在我告诉你们，如何在这场争论中取得胜利。你应该在走上"魔术秋千"时，随身带上一个弹簧秤，并在秤盘上放一件东西，比如1千克重的砝码，然后看看指针在什么位置。若弹簧秤的指针始终在一个位置，告诉我们砝码是1千克重，这就是秋千不动的证据。

因为，如果我们带着弹簧秤绕着轴旋转，那么作用在砝码上的除了重力之外，还有离心作用，它会在圆周路线的下半圈的各点上，加大砝码的重量，而在上半圈的各点上，又会减小砝码的重量。如此一来，我们就会发现砝码有时候变重了，有时候又变得几乎一点重量都没有。如果没有看到这种情况，就说明是屋子在转动，而不是秋千在转动。

在快速转动的平台上是什么感觉？

在一个公园内，一位美国企业家为了给人们提供娱乐消遣，建造了一个非常有趣和具有教育意义的转盘。那是一个旋转着的球形屋子，进入里面的人都会有一种神奇的感觉，仿佛只有在梦中，或者只有在神话故事里才能有这种感觉。

我们先说一下站在快速转动的圆形平台上的人的感觉。

旋转运动是要把人抛向外面去的。你站的地方距离中心越远，使你倾斜和把你向外拉的力量就越大。如果闭上双眼，你会感到自己并不是站在一个水平的台面上，而是站在一个倾斜的面上，并且很难让身体保持平衡。为什么会有这样的感觉呢？看一看此时有哪些力量作用在你身上（见图26），你就会明白了。旋转运动把我们的身体向外抛，而重力又把我们的身体向下拉，这两个力量按照平行四边形规则合在一起，使我们受到一个向下倾斜的合力。平台转得越快，合力就越大，倾斜度也就越大。

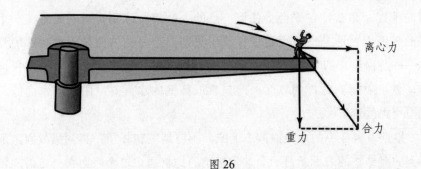

图 26

现在，假设这个平台的边缘是向上弯曲的，你站在这个倾斜的边缘上（见图27）。如果平台不动，你可能站不稳，不是会滑下来，就是会跌倒。但是如果平台旋转起来，就是另外一回事了。此时，在一定速度下，这个倾斜面对你来说就是一个水平面，因为两个作用在你身上的力的合力所指的方向也是倾斜的，并且恰好跟平台的倾斜边缘呈直角①。

---

① 这也可以用来解释下列问题：为什么在铁路转弯的地方，外面的铁轨要比里面的铁轨垫得高一些？为什么在给骑自行车的人和驾驶摩托车的人准备车道时，要朝里面倾斜一些？为什么练习长跑的人能够沿着倾斜得很厉害的环形跑道奔跑？

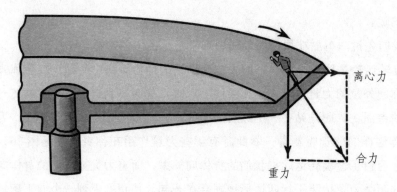

图 27

如果旋转着的平台是一个曲面——它的表面处处跟在一定速度下的合力方向垂直，那么站在平台上任何一点的人，都会感到自己就是站在一个水平的平面上。这是可以用数学计算出来的，这样的曲面是一种特殊的几何体——抛物面。假如把一个装有半杯水的玻璃杯绕着一个竖直轴很快地旋转，就可以得到这样的表面：此刻靠近杯壁的水面高，中间的水面低，形成一个抛物面。

如果把玻璃杯中的水换成液态的蜡，不停地旋转杯子，直到蜡凝固，那么得到的凝结物的表面就是一个非常精确的抛物面。这个表面在一定的旋转速度下，对于重物而言就好像是一个水平面，放在它上面任一点上的小球，都不会滚下来，会一直留在那里（见图 28）。

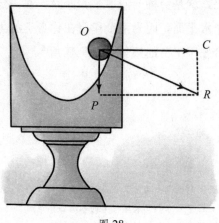

图 28

　　反射望远镜[①]上的反射镜常用抛物面，制造者要付出大量辛勤劳动才能使反射镜有这样的表面。美国物理学家乌德为了解决这个困难，创造出一种液体镜面：他将水银装在一个大容器里，旋转容器，便得到一个理想的抛物面。因为水银能够反射光线，所以能起到反射镜的作用。只是这种望远镜有一个缺点，就是稍有震动，镜面就会有皱纹，影像就会歪曲。

　　此外，"魔球"的旋转台（见图29）也是一个很大的可以旋转的抛物面。旋转台下面隐藏着机关，能让它转得非常平稳。尽管如此，如果不能让周围的物体跟着人一起转动，台上的人依然会感到头晕目眩。为了让台上的人感觉不到自己在运动，就必须在旋转台外面罩一个不透明的玻璃做的大球，并让大球和旋转台转得一样快。

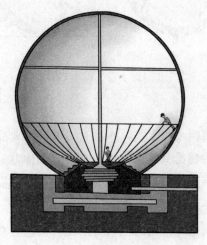

图 29

　　当你站在"魔球"的旋转台上时，它一转动，你就会感到脚下的地面变成水平的了。不管你站在台上的哪里——台轴（在这里台面的确是水平的）附近也好，台的边缘（45°的斜坡）也罢，你都会感到脚下的台面是水平的。在你的眼中，这个台面明显是个曲面，可是你的身体肌肉却感觉到你站在一个平坦的地方。

　　这两种感觉，非常矛盾。如果你从台的这一边走到那一边，你会感觉到整个大球就如同一个肥皂泡一样轻，你的身体往哪一边移动，它就往哪一边侧倾，因此在所有的点上，你都感觉自己是站在水平面上。而斜着站在台上的别人，在你看来就一定会显得极不平常：你会感觉这个人就像苍蝇一样在墙上行走。如图30（a）所示是两个人在"魔球"里的实际位置；如图30（b）所示是"魔球"在旋转的时候，每个人感觉到的别人的位置。

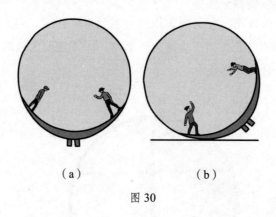

（a）　　　　　　　　（b）

图30

　　如果在这个球的地面上泼上水，水就会沿着球的曲面散开，铺成薄薄一层。站在里面的人就会感觉到这些水像是立在自己面前的一堵斜墙。

　　普通的重力规律在这个球里面好像失去了效力，我们也好像到了一个童话世界的奇妙王国中······

　　在天空中，用极高速度盘旋的飞机里的飞行员也会有同样的感觉。比如说，他用20千米／时的速度沿着一个半径为500米的弧线飞行，那么，他一定觉得地面是微微倾斜的，似乎成了16°的斜坡[1]。

　　为了进行科学观察工作，德国科学家曾经建造了一个与这相似的旋转实验室。它是一个圆柱形的屋子，直径为3米，旋转速度为50转／秒（见图31）。因为实验室的地板是平的，所以当它旋转起来时，靠着墙站立的观察者会觉得屋子似乎是向后斜着的。因此，他本人也不得不半倚在斜墙上（见图32）。

---

　　[1]　参看《趣味力学》第五章。

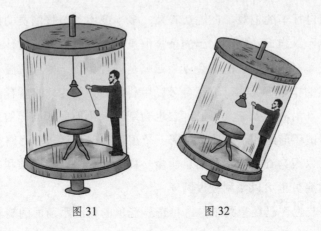

图 31   图 32

自行车杂技中，人为什么不会掉下来？

你也许在某个杂技场中看到过一种让人晕头转向的自行车杂技：

在杂技场中，有一条用木条铺成的路，中间有一个环或者几个环，如图 33 所示。杂技演员骑着自行车，顺着环前面一段倾斜的路冲下来，然后很快地顺着环连人带车向上冲去。他头朝下走完整个圆圈后，安全回到地面。

图 33

这种骑自行车的把戏，在观众看来，多半证明了杂技演员的技艺高超。观众有时也不禁自问：这个大胆的杂技演员头朝下时，究竟是什么神秘力量在支撑他呢？有些疑心大的人会以为这只是一种错觉，他们说魔术中没有什么是超自然的作用。其实，这完全可以用科学的力学定律来解释清楚。假如你让一个弹珠沿着这条路滚下去，它也会毫不逊色地完成同样的把戏。

为了测试环形路的坚固性，可用一个很重的球从这条环形路上滚过去。球的质量可以跟自行车和演员的总质量一样大。如果球能够顺利滚过去，那么自行车和演员也可以顺利驶过圆环。

读者朋友也许已经想到了，这种奇异现象的原因跟前面的旋转水桶中的水不会洒出来的原因一样。但是，这个把戏并不是随便就能够成功的，必须经过精确的计算，算出自行车手的出发点高度，不然，演出时就会出乱子。

第四章　万有引力

我们为什么很难察觉到小物体之间的吸引力？

法国天文学家阿拉哥说过："如果我们不是时刻都能看到物体在坠落，那么它对我们来说就是一种非常奇怪的现象了。"我们把地球吸引着地面上一切物体的现象看成很自然的现象。但是，当有人对你说，其实小物体之间也是相互吸引着的，那你可能就不会相信了。因为在日常生活中，我们几乎没有见到过类似的事情。

那么，为什么万有引力定律不在我们周围表现出来呢？为什么我们看不到桌子、西瓜、人体之间的相互吸引力呢？原因在于，对小物体来说，这种引力太小了。

我们举一个明显的例子。两个人相距 2 米站着，此时他们之间是有引力的，但是这个引力太小了：对一个中等体重的人来说，这个力还不到 $\dfrac{1}{10\,000\,000}$ 牛顿。也就是说，两个人彼此吸引的力量，约等于一个十万分之一克的砝码压在天平上的力量。如此小的力量，恐怕只有科学实验室里极为灵敏的天平才能测量出来。这个力量当然不能让我们移动，我们的脚跟地板之间的摩擦力会阻止我们移动。如果我们要移动，例如在木制地板上移动（脚跟木制地板之间的摩擦力约等于人体所受重力的 30%），至少需要 200 牛顿的力。与这个力相比较，$\dfrac{1}{10\,000\,000}$ 牛顿的引力简直小得可笑。因为 1 毫克是 1 克的千分之一，1 克又是 1 千克的千分之一，所以，$\dfrac{1}{10\,000\,000}$ 牛顿只等于能够让我们移动的力的十亿分之一的一半。这样的力，在日常生活中，我们是一点都察觉不到的。这又有什么好奇怪的呢？

假如没有摩擦力，那情况又不一样了。这个时候即使最弱的引力也能够让物体相互接近。只不过在引力作用下，两个人接近的速度会非常慢而已。可以计算出来，两个距离2米站立的人，在没有摩擦力的情况下，第一个小时，两人会接近3厘米；第二个小时，会接近9厘米；第三个小时再接近15厘米。他们的运动速度越来越快，尽管如此，两人完全靠拢在一起，至少需要经过5个小时。

地面上两个物体之间的引力，在摩擦力不再阻碍其作用的前提下，即物体处在平衡状态的情况下，是可以察觉出来的。比如挂在线上的重物，由于受到地球引力作用，所以那条线会指向正下方。但是，如果在这个重物附近有一个很大的物体，会把重物吸向自己，那么这条线就会略微偏离竖直方向，指向地球引力和这个大物体产生的微小吸引力的合力方向。1775年，人类第一次观测到在大山附近铅锤会偏离竖直线的现象。后来，科学家又利用特殊装置对地面上各种物体之间的引力做了完善的实验，才精确地测定了万有引力常数。

质量不大的物体之间的引力是非常小的，因为引力跟物体质量的乘积成正比。也有人会夸大这种力。有一个科学家——他不是物理学家，而是一位动物学家——曾试图说服我，说时常在海上看到的海船之间相互吸引的现象，也是万有引力的结果。我们可以用计算的方式证明，万有引力在这里可以说是一点作用也没有的：两艘各重25 000吨的轮船，相距100米时，相互吸引的力量不过4牛顿。不用说，这个力量远远不能使两艘轮船在水里做出哪怕一丁点的位置移动。轮船之间有这种谜一样的吸引现象的原因，我们会在后面讲到流体特性时再介绍。

质量不大的物体之间，引力是非常小的，而庞大的天体之间，引力就变得非常大了。因此，距离我们非常遥远的行星——海王星，虽然只是在太阳系的边缘慢慢绕转，也会使地球受到非常大的引力。尽管太阳距离我们远得不可思议，可也正是因为太阳的引力，地球才能在自己的轨道上运行（见图34）。假如由于某种原因，太阳的引力消失了，那么我们的地球就要沿着轨道的一条切线飞入无边无际的宇宙空间了，永远也别想回头。

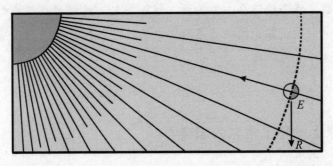

图 34

如果太阳的引力消失了会怎样？

想象一下，如果太阳强大的引力由于某种原因消失了，那么地球就会面临一个非常悲惨的结局：永远向着寒冷幽暗的宇宙深处飞去。

这里可以幻想一下，假如工程师们决定用链条来代替那看不见的引力，或者说，干脆用结实的钢绳把地球跟太阳连在一起，让地球留在圆形轨道上绕太阳旋转，那么，没有什么东西能比每平方毫米经受得住 1000 牛顿拉力的钢绳更牢靠了，这里我们暂且把它想象成一条直径 5 千米的大钢柱。那么，它的截面积就为约 20 000 000 平方米，需要 2 000 000 000 000 吨的重物才能把它拉断。

想象一下，要用这样的柱子连接地球和太阳，会需要多少根呢？答案是 200 万根。为了让你更清晰地想象出这一个分布在大陆和海洋上的钢柱森林有多么密集，我们假设所有钢柱都均匀地分布在面向太阳的那半个地球表面上，那么相邻的各个钢柱之间的空隙，就只能比钢柱本身略宽一些了。这样庞大的钢柱森林，你能想象出要多大的力量才能把它们拉断吗？由此，你应该可以清晰地想象出，太阳和地球之间看不见的引力有多么强大了吧。

尽管是这样大的力量，要想使地球的运行路线发生弯曲，也只会使地球每秒钟离开切线 3 毫米。因此，地球绕着太阳所走的路线形成了一个封闭的椭圆形。3 毫米只是本书中一个铅字的高度。迫使地球每秒钟移动这么小的距离，就需要这么大的力量，这还不是一件怪事吗？当然，这也说明另外一个问题，即地球的质量有多么大，即使用这样大的力量，也只能让它移动这样小的距离。

如果地球上没有了重力会怎样？

前面我们幻想出了如果太阳和地球之间没有引力会出现什么情况。接下来，我们再幻想一下，如果地球上没有了重力，地球表面的一切物体又会变成什么样呢？那时候，任何物体都不会在地表停留，只要轻轻一推，它就会向星际空间飞去。当然，也不需要谁来推动，地球自转的力量就会把地球表面所有没有牢固地连接在一起的东西抛向空中。

英国作家威尔斯曾借鉴这一想法写过一本关于月球旅行的幻想小说。在《月球上的第一批人》中，这位聪明的作家提出了一种在行星之间旅行的奇怪方法。这篇小说的主角是一位科学家，他发明了一种具有奇异性能——能够截断万有引力——的物质。只要在物体朝向地球的一面涂上这种物质，它就能摆脱地球的引力，而只受到其他物体的引力。这种幻想出来的物质，威尔斯把它称为"凯伏利特"，是从书中那个假想出来的发明人——凯伏尔——的名字演变而来的。

小说的作者写道：

> 众所周知，万有引力是能够穿透任何物体的。你可以设下屏障去隔断光线，使它射不到物体上；你可以利用金属片来保护物体，使电磁波达不到它。可是，你一定找不到一种障碍物，可以用来保护物体不受太阳引力或者地球引力的作用。在自然界中，能否找到截断引力的障碍物，这还很难说。可是凯伏尔并不相信这一切，他认为一定能够用人工的方法制造出一种能够截断引力的物质。
>
> 稍微具有想象力的人都会幻想出，有了这种物质后，就会得到无穷的能力。例如，要举起一个重物，就不必管它有多重，只要在它下面贴上一

张用这样的物质制作成的薄片，就能像举稻草一样把它举起来。

有了这种物质后，小说中的主人公就要制造一个飞行器，准备坐在里边飞到月球上去。飞行器的构造并不复杂，里面也没有什么发动机，因为它是利用天体的引力来移动的。

下面就是关于这个幻想出来的飞行器的描述：

假设有个球形飞行器，里面很宽敞，容得下两个人和他们的行李。飞行器的外部有两层壳，里面一层是用厚玻璃做的，外面一层是用钢做的。飞行器里面可以放压缩空气、浓缩食物和做蒸馏水用的仪器。钢壳的外表面要涂上一层"凯伏利特"。里边的玻璃壳，除了舱门外，其他位置都被封闭严实。外面的钢壳是一块块拼接成的，并且像窗帘一样，可以卷起来——这得用特制的弹簧来完成。在玻璃壳内可以用电流控制窗帘卷起和放下。这些都是技术上的细节。主要的还是飞行器的外壳，好像都是用窗子和"凯伏利特"窗帘构成。在所有窗帘都拉下的时候，遮挡得非常严密，不论是光线还是哪种辐射，或者万有引力都透不进球内。完全可以想象出：当一个窗帘卷起来的时候，跟这个窗口相对应的任何一个大物体，都可以把我们吸引过去。如此一来，我们就可以在宇宙空间内随意旅行。一会儿让这个天体吸引我们过来，一会儿又让另外一个天体吸引我们过去。我们想上哪儿就去哪儿。

在重力加速度小很多的月球上是什么感觉？

威尔斯在小说中把上面这个用于星际旅行的交通工具从地球上出发的情形描写得非常有趣。

涂在飞行器外表面的那一层"凯伏利特"，使飞行器好像没有了重量。我们知道，没有重量的物体是不能平静地待在大气层内的。正如湖底的软木塞会很快浮出水面，这个没有重量的飞行器也会很快向大气层的上层跑去。

它浮出大气层的边界后，就要继续自由地在宇宙空间旅行。小说中的主角就是这么飞走的。到了宇宙中后，他们一会儿开这个窗，一会儿开那个窗，使得飞行器一会儿受到太阳的引力，一会儿受到地球或者月球的引力。如此这般，他们就到达了月球表面，并且有一个人还乘坐这个飞行器又回到了地球。

这里我们不再去分析威尔斯的见解的实质是什么，姑且相信这位聪明的作者，并跟着他笔下的英雄们到月球去。

现在继续来看威尔斯小说里的主人公：来到一个重力加速度比地球上小很多的星球之后，他们会有什么样的感觉呢？

请阅读小说《月球上的第一批人》中最有趣的几段话[①]—— 一个刚到过月球的地球人的代表说的话。

我于是打开飞行器的舱门，跪着把上身伸到舱外：在下面距离我的头约 1 米远的地方，有一片从来没有人走过的月亮上的雪地[②]。

凯伏尔用棉被包裹着身体，坐在舱边上，小心翼翼地把两只脚放下去。当到了距离地面半英尺时，他犹豫了一下，最后还是溜到了月球地面上。

我在舱里隔着玻璃壳望着他，只见他走了几步，站立了一会儿，四处望望，然后突然向前一跳。

我觉得凯伏尔跳得太快了。他一下子就出现在离我 6~10 米远的地方。他站在岩石上向我招手，也许他也正在大声喊我——但是我听不到声音……可是他为什么要跳着走呢？

因为感到莫名其妙，我也爬出舱门，跳了下去。我感觉自己好像落在了雪洼的边缘上，走了几步之后，我也开始跳了起来。

我觉得我像是在飞一样，很快就到了凯伏尔跟前，抓住岩石后，我才感觉到非常恐慌。

凯伏尔冲着我大喊大叫，让我小心些。

我已经忘记了月球上的引力只有地球上引力的 $\frac{1}{6}$。现在这个情况，倒是提醒了我。

---

① 引文中删去了一些不太重要的部分。

② 众所周知，月球上是没有雪的。本文写于 20 世纪初，当时人们对月球的了解还相当有限，故有此幻想。——译者注

　　我控制着自己的动作，小心地爬到岩石顶上。如同得了风湿病一样，我慢慢地走到阳光下面，同凯伏尔站在一起。我们的飞行器降落在雪堆上，距离我们大约 10 米。

　　"你看，"我转过头正想跟凯伏尔说话，可是凯伏尔却突然不见了。

　　我呆立片刻，对这个情况感到不可思议。我想去看看岩石另一边的情形，就急忙向前走去，却忘记了此时我正在月球上。如果是在地球上，我所用的向前的力量，顶多会让我走出 1 米远。但是在月球上，我却移动了 6 米。我发现自己已经跨到离岩石边缘 5 米的地方了。

　　我感觉到了一种在梦中才会出现的飞翔的感觉；在落下来时，我又感觉自己好像是落入深渊一样。在地球上，人们往下落的时候，第一秒大约落下 5 米，但是在月球上，第一秒只落下约 80 厘米。这就是我能够平稳地向下飞 9 米的缘故。我觉得这个降落时间有点长，大概延续了 3 秒钟。我在空中飘着，如同羽毛一样平稳落下来，落在了那个怪石嶙峋的山谷里，陷在齐膝深的雪堆里。

　　"凯伏尔！"我环视四周，大声喊叫，但是连凯伏尔的脚印都没有发现。

　　"凯伏尔！"我更大声地叫喊着。

　　突然，我发现了他：他站在距离我大约 20 米的一个光秃秃的峭壁上，正笑着向我招手。我不能听到他的声音，只能懂得他手势的大概意义：他叫我向他那里跳去。

　　我又犹豫了，感觉自己距离他站的地方太远了。但是，我想到，既然凯伏尔能够跳到那个地方，那么我也可以。

　　于是，我向后退了几步，用足力气向前跳。我如同箭矢一样飞入空中，似乎再也不会落下来。这是一次神秘的飞行，如同做梦一样，同时我又感觉非常愉悦。

　　我跳的时候似乎用力过大了，一下子就越过了凯伏尔的头顶。

在月球上射击

　　苏联科学家齐奥尔科夫斯基写过一篇中篇小说——《在月球上》。在书中摘录一些段落，可以帮助我们理解在重力作用下运动的条件。在地面上，空气阻力妨碍着物体在空气中运动，因此本来很简单的物体坠落现象，因为有许多附加条件而变得复杂起来。在月球上基本是没有空气的。因此，如果我们到月球上进行科学研究，那么它一定会是一个非常好的研究物体坠落现象的实验室。

在摘录书中的文字之前，让我们先来认识一下故事中两个交谈的人：他们都在月球上，正在研究从枪里射出的子弹在月球上是怎样运动的。

"可是，火药在这里能不能起到作用呢？"

"爆炸物在真空中甚至比在空气中的威力更大，因为空气只会阻碍火药爆炸开来；至于氧气，是不必要的，因为火药本身所含的氧已经足够了。"

"我们要向上发射子弹，以便能够在附近找到子弹……"

一道火光，微弱的声音，地面微微有些震动。

"枪塞到哪里去了？它应该就在这附近。"

"枪塞是跟子弹一起飞出去的，大概不会落在子弹的后面。在地球上，有大气阻挠它跟着子弹一起飞走，而在月球上，即便是羽毛落下和飞向空中的速度，也会跟石头一样。你拿一根从枕头里掏出来的羽毛，我拿一个小铁球。你能够像我用小铁球一样，用手里的羽毛击中一个靶子，甚至是距离很远的靶子。在这个重力加速度很小的地方，我能够把小球掷到400米远；你同样能把羽毛掷这么远的距离，虽然你掷出的羽毛不会打破任何东西，甚至你都感觉不到掷了什么东西。我们两个人的力气差不多，让我们用全力把东西掷向同一个目标，就那个红色的花岗石吧……"

结果，羽毛如同被风吹过去一样，落在了比铁球略微靠前的位置。

"这是怎么回事呢？从开枪到现在已经过去3分钟了，子弹怎么还没有落下来？"

"再等大约两分钟，它就一定会落下来的。"

果然，两分钟后，我们感觉到地面有些微微震动，同时在不远的地方，我们看到那个正在跳动的枪塞。

"这个子弹飞出去的时间真长啊！它能升到多高呢？"

"70千米。因为这里的重力小，并没有空气阻力，所以子弹能够飞得很高。"

现在让我们来计算一下。假设子弹离开枪口时的速度是 500 米 / 秒。在不考虑空气阻力的情况下，在地球上，这颗子弹的上升高度 $h = \dfrac{v^2}{2g} \approx \dfrac{500^2}{2 \times 10} = 12\,500$ 米，也就是 12.5 千米；在月球上，重力加速度只有地球上的 $\dfrac{1}{6}$，即 g 约为 $\dfrac{10}{6}$ 米 / 秒^2，因此，子弹在月球上能够飞到的高度大约是 $12.5 \times 6 = 75$ 千米。

掉入贯通地球的洞中会怎样？

地球的核心部分是由什么东西组成的，如今人们依然知之甚少。有人认为在几百千米厚的地壳下，是炽热的液体。有人认为整个地球一直到中心都是凝固的。要弄清这个问题，比较困难，因为现在最深的矿井也只有 12.3 千米深（人类能够到达的最深的矿井更浅，只有 3.3 千米），而地球的半径却是约 6400 千米。如果能够沿着地球的直径钻一个洞，那这个问题就解决了。可惜，现在的技术远远不能实现这个计划——虽然现在地壳上所凿的井的总长度已经超过了地球的直径。18 世纪的数学家莫佩尔蒂和哲学家伏尔泰曾经提过关于穿过地球钻凿地道的事。已故的法国天文学家弗拉马里翁曾把这个计划重新拿出来（当然是另外一个计划，要比这个规模小）。在那篇专门讲述这个话题的文章前面，有一幅插画，现在我们把它复制在这里（见图 35）。

当然，这类事情即使到了如今，依然没有人做过。我们只能去想象有这样一个无底洞，用来研究有趣的问题。如果你跌落到这个无底洞中（见图 36，忽略掉空气阻力），你想过接下来会发生什么吗？撞到洞底是不可能了，因为根本没有底。那么你会停留在哪里呢？

图 35

停留在地球的中心吗？不会的。

当你落到地球的中心时，你下落的速度很大（大约 8 千米 / 秒），让你没办法停留在这个点上。你会继续向前飞去，速度会逐渐变慢，一直飞到洞的另一端。此时，你必须牢牢抓住洞的边缘，不然你就会又落回洞里，继续再落向另一端。如果你还是没抓住任何东西，那么你又会重新掉落进洞里，继续飞向另一端。如此往复，没完没了。

物体落进这个穿过地心的洞后，就会不停地从这一端到另一端来回摆动，每个来回的时间约是 1 小时 24 分钟。力学告诉我们，在这种情况下（我再说一次，是不计算洞内的空气阻力的），物体应当不停地来回摆动[1]。

图 36

弗拉马里翁说：

> 如果这个洞是顺着一个极到另一个极的地轴挖掘的，情况就会像上面说的那样。如果我们把出发点移到别的纬度上，比如欧洲、亚洲或者非洲大陆上，那就得把地球自转的影响也计算在内了。大家知道，地球表面上

---

[1] 在考虑空气阻力的情况下，来回摆动的幅度会逐渐减小，最后人会停留在地球中心。

的每一个点都在奔跑。赤道上的各点每秒钟跑465米，而在巴黎的纬度上，每个点每秒钟跑300米。因为距离地球的自转轴越远，圆周运动的速度越大，所以扔进洞里的小铅球不会笔直地落进去，而是略偏东一些。因此，要在赤道上挖掘无底洞时，应该把它挖得极宽，或者挖得十分倾斜，因为抛下的物体所走的路径会离开地心，偏向东面。

假设洞的入口在南美洲的一个高原上，高原的高度是2千米，洞的对面那一端是在海平面上，那么，因为不小心而落进去的人，在到达对面洞口时的速度，一定可以使他在出洞口后再向上飞2千米。

如果洞的两端都在海平面上，那么落入洞中的人在另一端洞口出现时，飞行速度已经为零，我们可以伸出手去接住他。如果是前一种情况，我们就要小心了，要躲闪在一旁，免得和那位飞得极快的旅行家相撞。

第五章　速度和引力

在结束关于运动和引力的话题之前，我们再来研究一下月球上的幻想旅行。在儒勒·凡尔纳所写的两部小说《炮弹奔月记》和《月球旅行记》中有非常有趣的描述。读过他的小说的人一定对此印象深刻：随着北美战争的结束，巴尔的摩大炮俱乐部有几个会员闲着无聊，决定铸造一门可以发射巨大炮弹的巨炮。其炮弹是可以搭乘旅客的空心炮弹，他们计划用大炮把炮弹射到月球上去。

这个想法是不是有些荒诞呢？首先我们需要考虑：是否真的能给物体一种速度，使它离开地球表面且不再回来呢？

炮弹飞离地球需要多大的速度？

牛顿在《自然哲学的数学原理》一书中提到：

在重力作用下，掷出去的石块会离开直线方向而沿一条曲线落地。当掷出时的速度大些，石块就飞得远一点，因此石块可能沿着一条长 10 英里、100 英里、1 000 英里的弧线飞行，甚至会飞出地球而不再回来。假设 AFB（见图 37）是地球的表面，C 是地球的中心，UD、UE、UF、UG 表示从很高的山顶上向水平方向掷出的物体在速度一次比一次大的情况下所走的几条曲线。我们暂时不考虑大气的阻力，假定它是不存在的。在初速度不大的情况下，物体走的是曲线 UD；速度大一些时，走的是 UE；再大一些时，就会走 UF、UG。当速度大到某种程度时，物体就会绕整个地球转一周，又回到投掷它的地方。因为物体回到最初的位置时，速度并不会比当初掷出时小，所以，物体又会沿着这条曲线继续向前运动。

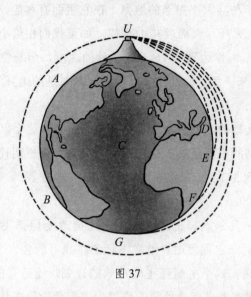

图 37

假设在这个高山顶上有一门大炮，它射出的炮弹只要速度达到一定大小，就会再回到发射点，并不停地绕着地球旋转。利用一个十分简单的算法就可以算出，在炮弹的速度达到大约 8 千米 / 秒时，就会出现此种情形。换言之，射出的炮弹，如果速度达到 8 千米 / 秒，它就会永远离开地面，成为地球的一颗卫星。并且它运行的速度是地球赤道上任何一点的速度的 17 倍，在 1 小时 24 分里环绕地球一周。假如炮弹的速度再大些，那它环绕地球的路线就不会是一个圆，而是一个拉长了的椭圆。椭圆有一端距离地球比较远。如果炮弹速度继续加大，那它就永远离开地球，飞向宇宙空间去了。要想做到这一点，只需要炮弹的初速度达到大约 11 千米 / 秒就可以了（这里都忽略掉了空气阻力，假定炮弹是在真空中运动的）。

现在来看看儒勒·凡尔纳的方法是否能够实现这种想法。现代的大炮，不能使炮弹在第一秒内的速度超过 2 千米 / 秒。这个数值大约只是飞到月球所需要速度的 $\frac{1}{5}$。但小说中的主人公却认为如果他们能够铸造一门极大的炮，装上大量的火药，就可以得到很高的速度，把炮弹射到月球上去。

坐炮弹飞向月球有什么缺陷？

那些大炮俱乐部的会员铸造了一门巨炮，炮身长 250 米，竖直地立在地上。同时还制造了与其大小相当的炮弹，在它里面有客舱。炮弹的总质量是 8 吨。大炮里加上火药、火棉后共 160 吨。如果我们相信小说家所说的，那么在火药爆炸后，炮弹达到了 16 千米 / 秒的速度，但与空气有摩擦，这个速度减小到 11 千米 / 秒。如此一来，儒勒·凡尔纳的炮弹就飞出了大气层，还能飞到月球上去。

小说里是这么写的。那在物理学上应该怎么判断这个事情呢？

儒勒·凡尔纳的设计是站不住脚的。首先，可以证明使用火药的大炮永远不能使炮弹得到 3 千米 / 秒以上的速度（这一点在我的《星际旅行》中有过证明）。

其次，儒勒·凡尔纳忘记考虑空气阻力会改变炮弹飞行路线的问题。在炮弹的速度高到一定程度时，炮弹飞行的路线可能会大大甚至完全改变。即使撇开这些不谈，这个坐炮弹飞向月球的计划，还是有很多严重的缺陷。

这个设计对旅客来说相当危险。你以为这个危险是在从地球飞到月球这一段时间里发生的吗？如果旅客能够活着离开炮口，那么他在以后的旅行中是不会有任何危险的。旅客乘坐炮弹在宇宙间旅行，速度不算大，对他们没有什么害处。正如同地球绕着太阳转的速度比这个速度还要大，但是对生活在地球上的居民一点害处也没有一样。

为何帽子竟能把人压扁？

对于旅客来说，最危险的莫过于炮弹在炮膛里运动的前百分之几秒。因为在这么短的时间内，旅客的运动速度要从零增加到 16 千米 / 秒。难怪小说中说等待开炮的旅客都是浑身发抖的。巴尔比根就肯定地说，坐在炮弹里的旅客，面对的危险一定不比站在炮口前面的人小，这是有道理的。小说里的主人公小看了这个危险，他们认为，最坏的情况也只不过是头被撞破出血。

实际情况要比这严重得多。炮弹在炮膛里是加速运行的：火药爆炸时所产生的气体的压力使炮弹的速度越来越大，在极短的时间内就要从零增加到16千米／秒。就算我们按照简单的方式计算，假定这里的速度是均匀增加的，那么为了在极短时间内把炮弹的速度增加到16千米／秒，就得有很大的加速度，大约为600千米／秒^2（算法见本章"炮弹在炮膛里的加速度怎么算"一节）。

我们知道地球表面的重力加速度只有约10米／秒^2，由此，你就知道600千米／秒^{2}这个数值意味着什么了。炮弹里的每一个物体在发炮时所承受的来自舱底的压力，会是这个物体所受重力的60 000倍。也就是说，旅客们会感觉到自己比平时重了几万倍！在这样巨大的压力下，他们会被压死。巴尔比根先生的一顶大礼帽，在发射炮弹的那一瞬间，会重达15吨（相当于一节满载货物的火车车厢的重量）。这样一顶帽子，一定会把它的主人压成肉饼。

尽管小说中也提到过减轻撞击的方法，如在炮弹里装上弹簧等缓冲装置，这样撞击的时间会略微延长，速度的增加也就缓慢一点。但是在这样大的力量作用下，这些装置的效用实在是太小了。把旅客压向地板的力量也许会减小一些，可是一顶重14吨的帽子不是同样会把人压死吗？

如何让炮弹里的人感觉舒服一点？

力学知识告诉我们，减小加速度，坐在炮弹里的人就能感觉舒服一点。如果把炮筒加长很多倍，就可以做到这一点。

但是，如果我们想在发射炮弹时，让炮弹里的"人造重力"和地球上的普通重力相等，就得把炮身制造得很长很长。大致计算得出，要做到这一点，必须把炮身加长到6 000千米。换言之，儒勒·凡尔纳的"哥伦比亚"号大炮应当向地球内部伸去，会直接伸到地球正中心……此时，炮弹里的旅客才能摆脱不舒服的感觉：加在他们身上的除了普通的重力之外，只有由于速度的增加而产生的极微小的重力。

人体在极短的时间内，是能够经受比平时大几倍的重力而不受损害的。假如我们人类可以在最短时间内承受住 10 倍的重力，那么，铸造一门长600 千米的大炮就可以了。但是，这也没什么值得高兴的，因为这样的大炮在技术上是不可能铸造出来的。

你看看，只有在这样的情况下，儒勒·凡尔纳引人入胜的设计——乘坐炮弹飞向月球——才有实现的可能。

炮弹在炮膛里的加速度怎么算？

在本书的读者中，一定可以找到一些人，他们想自己通过演算得出上面所说的数值。这一节，就把算法介绍一下。当然，所得到的数值都是近似值，因为计算的前提是：假设炮弹在炮膛里是做匀加速运动的（实际上，速度的增加不会是始终均匀的）。

要完成计算，必须用到下面两个匀加速运动的公式：

在 t 秒末时，速度 $v = at$，其中 a 表示加速度。在 t 秒内所经过的距离 $s = \dfrac{1}{2}at^2$。

利用这两个公式，可以先计算出炮弹在"哥伦比亚"号大炮的炮膛里向前滑行的加速度。

小说中写道，那些大炮中没有装火药的炮膛部分是 210 米，这也是炮弹所走过的路程 s。

已知最后的速度 $v = 16000$ 米 / 秒。有了 s 和 v 的数值，就可以求得炮弹在炮膛里的运动时间 t 了（把这个运动看成是一种匀加速运动）。

$$v = at = 16\,000 \text{（米 / 秒）}$$

$$s = \frac{1}{2}at^2 = \frac{1}{2}vt$$

带入 s、v 的数值，可得 $t \approx \dfrac{1}{40}$ 秒。

炮弹在炮膛里运动的时间是 $\dfrac{1}{40}$ 秒，把这个数值代入公式 $v = at$ 中，就可以得出 $a = 640\,000$ 米 / 秒^2。

这样就计算出炮弹在炮膛里的运动加速度是 $640\,000$ 米 / 秒^2，换言之，是重力加速度的 64 000 倍。

那么，应该用多长的炮膛才能让炮弹的加速度只是重力加速度的 10 倍，即 100 米 / 秒^2 呢？

这需要我们用刚才的算法再倒着算一遍。已知：$a = 100$ 米 / 秒^2，$v =$ 11 000 米 / 秒（在不考虑空气阻力的情况下，这样的速度是足够的）。

用公式 $v = at$，我们算出 $t = \dfrac{v}{a} = 110$ 秒。

用公式 $s = \dfrac{1}{2} at^2$，我们得出炮膛的长度应该是 $\dfrac{100 \times 110^2}{2} = 605$ 千米。

这样计算出来的数值就可以反驳儒勒·凡尔纳小说中引人入胜的计划了。

第六章　液体和气体

人在死海里为什么沉不下去？

很久以前，人们就知道世界上有个不会淹死人的海——死海。死海的水非常咸，不适合鱼虾及其他水生生物生存。这是因为死海所在的巴勒斯坦地区的气候炎热少雨，海水蒸发剧烈，但蒸发掉的只是纯水，溶解在水中的盐仍留在海里，这导致海水中盐的浓度越来越高。死海的含盐量因此远远超过了其他海洋只有 2%~3%（按照质量计算）的正常水平，而是高达 27%，并且随着海水的蒸发还在加大。据计算，死海所含的物质中，有超过四分之一为溶解的盐。

因为含盐量高，死海就有一个显著特征：这里的水的密度比普通海水的密度大很多，在这样的液体里，人是沉不下去的——因为人体所受重力比所受水的浮力要小。这就像鸡蛋会浮在盐水上面一样（鸡蛋在淡水里会下沉）。

幽默作家马克·吐温游历了死海后，用很有趣的话描述了他跟朋友在死海里洗澡时的异样感觉：

> 这是一次有趣的沐浴！我们竟不会沉下去。在这里，我们可以把身体完全伸直，并且把两手放在胸部，仰卧在水面上，而大部分身体仍旧在水面上。此时我们可以完全把头抬起来……你能够很舒服地仰卧着，把两个膝盖抬到下颌的下面用双手抱住——不过这样会让你翻跟头，因为头重脚轻了。你可以头顶着海水竖立起来，让自己从胸膛中部到脚尖这一段身体露在水上面，不过你不能长时间保持这个姿势。你仰泳不会很快，因为你

的双脚露在水面上，只能用脚后跟推水。如果你想俯下身子游泳，你就不能前进，反而要后退。马在死海里既不能游泳，也不能直立，因为它的身体不太稳定——它一到水里，就只能侧身躺在水面上。

在图 38 中，你可以看到一个人很舒服地躺在死海的水面上。这里的海水使他能以如此姿势看书，并且还可以拿一把伞遮挡阳光。

图 38

卡拉博加兹戈尔湾（里海的一个海湾）里的水 [①]，以及含盐量达 27% 的埃尔唐湖中的水都有这样的特质。

经常洗盐水浴的病人会有这样的体验：如果水的含盐量太大——比如斯达罗露斯克矿水，病人就必须使用很大的力气，才能让身体贴在浴盆底。我曾经听过一个在斯达罗露斯克疗养的妇人埋怨说，水老是把她从浴盆里往外推——显然她把这归为疗养院工作人员的过失……

不同的海水，其含盐量是不一样的。正因为如此，船在各海水中的吃水深度也不一样。也许有读者曾经在船的侧面吃水线附近看到过一种叫"劳埃德记号"的标记，此记号就是用来标明船在各种密度的水中最高的吃水线的。例如图 39 中的满载记号，就是船只满载时在各种海水中的最高吃水线：

在淡水里（Fresh Water）…………………………… FW
在印度洋，夏季（India, Summer）……………… IS

①　卡拉博加兹戈尔湾里水的密度是 $1.18g/cm^3$。

在咸水里，夏季（Summer） ················ S

在咸水里，冬季（Winter） ················ W

在北大西洋，冬季（Winter，North Atlantic）········ WNA

图 39

最后还要补充一点，在不久前，科学家又发现了另外一种水，是不含杂质的纯水，比普通水重：它的密度是 $1.1 g/cm^3$，也就是说比普通水重 10%。因此，在装有这种水的池子里，连不会游泳的人也不会沉下去。这种水叫"重水"，化学式为 D_2O（组成重水的氢原子比普通氢原子重一倍，符号是字母 D）。普通水里含有很少量的重水：10 升饮用水里约含 2 克重水。

如今我们已经可以得到接近纯净的重水 D_2O 了。在这种重水里，所含普通水的量仅为 0.05%[1]。

破冰船是怎样工作的？

在洗澡时，请你顺便做一下这个实验。在跳出浴盆前，先打开它的放水孔，自己继续留在浴盆里，并躺在盆底上。此时，你的身体露出水面的部分会逐渐增多，同时，你也会感觉到自己的身体在逐渐变重。在此种情况下，只要你的身体一露出水面，你就会感觉到身体在水里失去的重量（你可以回

---

① 重水在原子技术尤其在原子反应堆里的用途很大，可用工业方法从普通水中得到。

想一下自己在水中时身体有多么轻）立刻恢复了。

鲸也会有类似的遭遇——退潮时，如果搁浅在沙滩上了，也会有同样的感受。这对于鲸来说，可引起致命的后果：它会被自己惊人的重量压死。这也就不难理解，为什么它们是哺乳动物却生活在水里。因为，水的浮力可以拯救它们，使它们免于因重力作用而被压死。

以上所说的这些跟本文的标题有着密切关系。破冰船工作时，所用到的物理原理跟这是一样的：露在水面上的那一部分船身，因为没有水的浮力来抵消掉它本身的重量，所以这部分船身还是具有它在陆地上的重量。你不会以为破冰船工作时，是用船首部分的压力来切开冰层的吧？那是切冰船要做的事，例如20世纪30年代著名的"里特克"号。破冰船不是这样工作的。这种方法只能用来对付比较薄的冰。

真正的海洋破冰船使用另外一种方法工作。破冰船上的强大机器在开动时，能使船首移到冰面上去，因此船首的水下部分铸造得非常斜。船首露出水面后，"恢复"了自身本来的重量，这个重量就会把冰面压碎。为了加强作用力，有时候会在船首的储水舱中装满水——"液体压舱物"。

如果冰层的厚度不超过半米，破冰船就会这样工作。如果遇到更厚的冰层，就要用船身撞击它了。此时，破冰船先后退，然后用自身的全部重量猛地向冰块撞上去。这个时候，起作用的已经不是重量了，而是运动着的轮船的动能，船在此时好像变成了一个速度不大但质量极大的炮弹，变成了一个撞锤。

遇到几米高的冰山，破冰船会多撞击几次，才能把它撞碎。

参加过1932年有名的"西伯利亚人"号通过极地的航行的水手马尔科夫曾经这样描写过这艘破冰船的工作：

> 在周围的上百座冰山之间，在密实地覆盖着冰的地方，"西伯利亚人"号开始战斗了。连续52个小时，信号机上的指针不停地从"全速后退"跳到"全速前进"。在13班每班4小时的海上工作里，"西伯利亚人"号疾驰着向冰块冲去，用船首撞击它们，爬到冰上压碎它们，然后又退回去。厚达$\frac{3}{4}$米的冰层慢慢地让出了一条路。每撞击一次，船身就可以向前推进$\frac{1}{3}$。

海洋中的沉船都沉到了哪里？

有一种流行的说法：沉没在海洋里的船不会沉到海底，而是在深海的某个地方悬浮着。这种说法甚至在海员之间也广为流传。在那个地方，"海水因为上面各层水的压力而变得密度非常大了"。

持这种观点的人有很多，《海底两万里》的作者儒勒·凡尔纳也是其中之一。在这本小说的一个章节中，他专门描述了一艘沉没了的船纹丝不动地悬浮在水里；在另外一个章节里，他又提到了一些"破船悬浮在水里"。

这个见解是不是正确的呢？

这个见解似乎有些根据，因为在深海里压力确实可以达到很大。沉在10米深处的物体，每平方厘米所受到的水的压力只有10牛顿；在20米深处，这个压力是20牛顿；在100米深处，是100牛顿；在1 000米深处，是1 000牛顿。海洋里许多地方的深度都达到了好几千米，大洋最深的地方（太平洋中马里亚纳群岛附近的深海[①]）可以达到11千米。也很容易计算出，在极深的海洋里，水和沉在水里的物体所受到的压力有多大。

如果把一个紧塞着瓶塞的空瓶投在相当深的水里，过些时间再拿上来，就会发现瓶塞已经被压进了瓶子，瓶子里也装满了水。海洋学家约翰·莫里写了一本叫《海洋》的书，书中就介绍了一个这样的实验。拿三根粗细不同的玻璃管，这些玻璃管两头都是烧熔封闭的。把它们卷在帆布内，放在一个上面有孔的可以让水自由进出的铜制圆筒里。把圆筒沉到海水中5千米深处。等把圆筒拿上来时，帆布里已经满是雪一样的东西，那是玻璃管被压碎了。如果把一块木头沉到同样深处，再拿上来时，它就会像砖头一样沉到水桶的底部——水已经把它压紧压实到这个地步了。

看到这里，你一定会想，这么大的压力一定会把深海的水压得非常密实，致使物体到了那里不能再往下沉了，就像铁秤砣在水银里不能下沉一样。

但是，这种见解是一点根据都没有的。实验证明，水也跟其他液体一样，不容易被压缩。1立方厘米的水受到10牛顿压力时，它的体积只能缩

[①] "蛟龙"号载人潜水器是一艘由中国自行设计、自主集成研制的载人潜水器，2012年7月，它在马里亚纳海沟创造了下潜7062米的中国载人深潜纪录，也是世界同类作业型潜水器最大下潜深度纪录。——译者注

小 $\dfrac{1}{22\,000}$，之后，每增加 10 牛顿的压力，大致也只能再压缩这些体积。假如想把水压得更密实，能够使铁在里面不下沉，那就得把水的密度增大到原来的 8 倍。然而，即使只把水的密度增大 1 倍，即把水的体积缩小一半，也需要在每平方厘米的水面上加上大约 110\,000 牛顿的压力（这里还得假设水在这样大的压力下，压缩率不会变小）。这样的压力只有下降到海平面下110 千米的地方才有。

显然，让海水显著地变得密实，是不可能的。在海洋最深处，水的密度也只是增大了大约 $\dfrac{1\,100}{22\,000}$，即为正常水密度的 $\dfrac{21}{20}$ 或者 105%[①]。这种变化对各种物体的下沉几乎没有任何影响。但沉到这里的物体还会受到各种压力，因而它会变得密实些。

所以，船只沉没后会一直沉到海底，这一点毋庸置疑。约翰·莫里说："凡是在一杯水里能够沉到底的东西，到了最深的海洋里，也应当能一直沉到底。"

我也曾听到过与此相反的观点。如果你把玻璃杯底朝天放到水里，它就会悬浮在水中，因为它排开的那一部分水的重量，正同玻璃杯的重量相等。如果你用一个比较重的金属杯子，它也会悬浮在水中，只不过是位置稍微低一些，但并不会沉到底。因此有人说，当巡洋舰或者别的船只倾覆后往下沉时，大概也会停留在半路上。或者说，如果船只的某些地方是密封的，空气泄不出来，那么船也会沉到某个深度后就停留在那里。

我们看到的大部分船只都是底朝天沉下去的，所以其中一定会有一些船只没有沉到海底，而是悬浮在幽暗的深海里。当然，船的这种平衡状态只需要轻轻一触碰就会失去，当它失去平衡后，就会翻过身来装满水，一直沉到水底。但是，海洋深处是非常平静的，连暴风雨的回声都到达不了，哪里会有打破这种平衡的力呢？

其实，这些论证在物理学上都是错误的。底朝天的玻璃杯并不能自己沉到水里。它同木块或塞紧木塞的空瓶子一样，必须在外力的作用下才能沉到水里去。同样，倾覆的船只也不会往下沉，只会留在水面上。想让它们停留

---

① 有人计算过，如果地球的引力突然消失，水变得没有了重量，那么海洋的平均海平面就会上升 35 米（因为被压缩的水恢复了正常的体积）。此时 5\,000\,000 平方千米的陆地会被海洋里的水淹没。原来，正是因为周围的海水被压缩了，这些陆地才会出现在水面上。

在从海面下到海底的半路上，那是无论如何都不能实现的。

潜艇能潜入海中多深？

如今，我们所拥有的潜艇，在许多方面的性能都已经达到了儒勒·凡尔纳幻想的"鹦鹉螺"号的水平，甚至在有些方面还远胜于它。例如，"鹦鹉螺"号的排水量只有 1 500 吨，水手只有二三十人，而且不能在水底持续停留 48 小时以上。现代潜艇，比如 1929 年建造的属于法国舰队的"休尔库夫"号，有 3 200 吨以上的排水量，150 多个水手，在水下潜伏不动的时间可达120 小时 [①]。

这艘潜艇从法国港口航行到马达加斯加岛时，中途未停靠任何港口。"休尔库夫"号上的水手在生活方面跟"鹦鹉螺"号的人一样舒适。它还有一个显著的优点，在它的上层甲板上建有飞机库，可以用来停侦察用的水上飞机。

另外，儒勒·凡尔纳忘记了一点，他没有为"鹦鹉螺"号装上潜望镜，所以他的潜艇在水中不能观察水面上的情况。

现代潜艇只在一个方面落后于这位法国小说家幻想出的潜艇：它不能入水那样深。

但在这一点上，必须指出，儒勒·凡尔纳的幻想又超越了实际可行的范围。小说中，"船长尼摩到了海面下 3 000、4 000、5 000、7 000、9 000 和10 000 米的深处"。而有一次"鹦鹉螺"号还下沉到一个空前的深处——16 000 米深。小说中的主人公说："我觉得潜艇铁壳上的拉条好像在发抖，它的支柱好像弯曲了，窗子在水的压力下向里凹。如果我们的潜艇不是像浇铸成整体一样坚固，它就会被压成饼了。"

小说主人公的担心是有必要的，因为在水下 16 000 米深处（假如海洋中有这个深度的话），水的压力能达到 16 000 牛顿 / 厘米 ^{2}，或 1 600 个大气压。这个压力还不能压碎铁，但是压坏潜艇的结构还是可能的。庆幸的

---

① 装备了原子发动机的现代潜艇，能在深海中自由航行，且航程非常远，不用半路再浮出水面加油。在 1958 年 6 月 22 日到 8 月 5 日，美国"鹦鹉螺"号核潜艇穿越了整个北冰洋海域，完成了从巴伦支海到格陵兰岛的航程。——译者注

是，目前还没有在海洋中找到这样的地方。在儒勒·凡尔纳的时代（小说在1869年完成），一般人都认为海洋有这么深，是因为当时的探测工具存在缺陷。当时，用来做测锤线的不是铁丝而是麻绳。麻绳入水越深，就越会被水的摩擦力截留住。到了非常深的地方，摩擦力就会大到使麻绳纠缠在一起，这就造成了一种不正确的测量结果，让人以为水很深。

现代的常规潜艇，最多能承受住30个大气压，所以它只能下沉到300米深。要想下沉到更深的地方，就需要特殊的装置，叫潜水球（见图40）。这种装置是专门用来研究深海动物群的。它的形状跟儒勒·凡尔纳的"鹦鹉螺"号不一样，而是像另外一个小说家威尔斯在故事《在海洋深处》中所幻想的深水球。这个故事中，主人公坐在厚壁钢球里，沉到了9 000米深的海底。这个钢球在潜水时并不带绳索，而是带着可以拆卸的重物。在海底，只要把重物卸掉，它就会变轻，很快飞升到水面上。

图 40

在现实中，利用潜水球，科学家到了900米以下深处。人们用钢索将潜水球从船上放入深海，球中人可以跟船上的人用电话保持沟通。

不久前，有些国家研制出探究深水情况的特殊装置——不动式潜水球。它跟普通潜水球的最大不同是，普通潜水球能在深海活动，而不动式潜水球只能悬在钢索下面。一开始，这种不动式潜水球可下沉到海面下差不多3 000米的地方，之后到了4 050米深处。1959年11月，这种装置又下沉到了5 670米，而这还不是它的极限。1960年1月9日，到了7 300米，1

月 23 日，又在马里亚纳深海中沉到了 11 500 米[①]。根据最新数据，这里已经是世界上最深的地方了。

沉船是怎么被打捞上来的？

在广阔的海洋中，每年都会有大大小小几千艘船只沉没，更别提在战争年代了。一些有价值并且很容易打捞的船只，已经被打捞上来。在这些船只中，有一艘很大的破冰船"萨特阔"号，它是在 1916 年因为船长的疏忽而沉没在白令海峡里的。在海底躺了 17 年后，这艘破冰船保存得还算很好，被打捞起来并进行了修理。

捞船的过程是按照阿基米德原理操作的。在沉没的船体下方海底上，潜水员挖了 12 条沟道，每条沟道中穿过一条结实的钢带。钢带的两头固定在特意为破冰船准备的浮筒上。这一切工作都是在海面下 25 米深处完成的。

浮筒（见图 41）就是一种不会漏气的空铁筒，长 11 米，直径 5.5 米，重 50 吨。所以，很容易求出它的体积，大约是 250 立方米。显而易见，这样的空筒一定会浮在水面上：虽然它的质量有 50 吨，但是它排开的水却有 250 吨，即它的载重量等于 250 吨减去 50 吨，就是 200 吨。前提是，为了让空筒沉到海底，必须先在里面装满水。

图 41

---

① 据最新的数据，马里亚纳海沟最深处为 11 034 米，这也是地球上最深的地方。——译者注

把 12 条钢带都固定在浮筒上后，就可以用软管往浮筒内压入压缩空气了。在水下 25 米深处的压力大约是 3 个标准大气压，现在往筒里压入约 4 个标准大气压的空气，把水排出来。浮筒变轻后，四周的水就会用很大力量把它推向海面。所以，它们就在水中浮升上来，如同气球在空中浮升一样。当把浮筒里的水全部排出后，它们总的浮力已经超出了沉没的"萨特阔"号所受重力。所以为了让船只平稳上升，空筒里的水只能排出一部分。

尽管如此，"萨特阔"号还是经过了几次失败之后才被成功打捞上来。"水下特殊工作队"的主任、船舶工程师波布利茨基在回忆打捞工作时说道："打捞队在获得成功以前，曾经历了几次事故。有三次，我们正等待船浮上来，结果看到上来的并不是船，而是混在波涛和泡沫之间的一些浮筒和破碎的软管。有两次船已经上来了，但是没等我们把它系牢，它又沉下去了。"

水力"永动机"为什么不可行？

在众多"永动机"的设计方案中，大部分都是根据物体在水中能浮起的原理设计的。让我们选择其中一个谈一谈。这是一个高 20 米，里面装满水的高塔，塔的上下两头各装有一个滑轮，上面绕着一条结实的绳索，如同循环带。绳子上拴着 14 个方形的空箱子，箱子的边长为 1 米，由铁皮制成，密封，不透水。图 42 和图 43 所示分别是这种塔的外形和它的纵剖面。

图 42

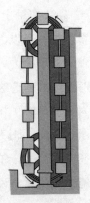

图 43

这种装置是怎样工作的呢？了解阿基米德原理的人都知道，水里的铁箱一定会往上浮。推着它们上升的力量，就等于它们排开的水的重力，也即 1 立方米水的重力乘上浸在水里的铁箱数。从图中可以看出，水里经常会有 6 只铁箱，也就是说，使它们上升的力量是 6 立方米水的重力。这 6 只铁箱本身的重力自然会把它们往下拉，但是挂在塔外绳索上的 6 只铁箱也会向下沉，所以，这两方面的力量是平衡的。

如此，似乎单靠浮力就能维持由绳索连成一串的箱子不停地运动。取 $g = 10$ 米 / 秒^2，此时，它们每转动一周所做的功 $W = mgh = 6\,000 \times 10 \times 20 = 1\,200\,000$ 焦耳。

看来，如果全面铺开这种塔的设计，我们就会得到无穷的功，足够支撑一个国家国民经济运行的需要。这样的塔会带动发电机，让我们得到无穷无尽的电能。

然而我们仔细研究一下这个设计，就会发现，绳索和箱子完全没有动的可能。

为了维持这种循环转动，必须让铁箱不断地从下面进入水塔，从上面离开水塔。可是我们知道，铁箱在进入水塔的时候，必须克服 20 米高的水柱的压力，这个压在铁箱每 1 平方米面积上的压力是 200\,000 牛顿，而向上的牵引力只有 60\,000 牛顿，用它把铁箱拉进水塔里，显然是不可能的。

当然，在发明家设计的这些不会成功的水力"永动机"中，还是可以找到一些设计得简单而巧妙的。

图 44 中，一只装在轴上的木制鼓形轮，一部分始终在水里。阿基米德原理当然是靠得住的，所以，浸在水中的那一部分鼓形轮会上浮，而且，只要水的浮力比轴上的摩擦力大，鼓形轮就会不停地转动下去……

但是，先别着急去制造这种"永动机"！你一定会失败的：鼓形轮是不会转动的，因为我们忽略了作用力的方向。在这里，水对轮子的作用力永远是和鼓形轮表面垂直的，即跟通往轮轴的半径方向相同。而经验又告诉我们，顺着轮子的半径方向施力，轮子一定不会转动。想让它转动，需要顺着轮子的切线方向来施力。这样一说，你就该明白为什么这类"永恒"运动是不可能实现的了。

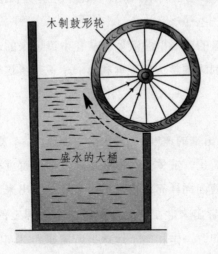

木制鼓形轮

盛水的大桶

图 44

阿基米德原理对于一些想发明"永动机"的人来说具有极大的诱惑力，曾经激励他们想尽办法把看似失去了的重力用来做机械能的永恒源泉。但是他们的尝试没有一个是成功的，也永远不会成功。

茶炊里的水多少时间流完？

一个茶炊完全装满时容得下 30 杯水。把一个茶杯放在它的龙头下，同时看着手里的表，观察要多少时间水才能灌满茶杯。假设是半分钟，那么，如果让龙头一直开着，需要多少时间才能使茶炊里的水流完？

这好像是一个很简单的问题，小孩子都能回答：流出的水装满一个茶杯需要半分钟，那么流出 30 杯水，自然需要 15 分钟。

但是，如果你亲自试验一次，就会发现结果是这样的：流完一茶炊水所需要的时间绝不是 15 分钟，而是半小时。

这是怎么回事呢？要知道这个算法是很简单的呀！

算法确实简单，可是不对。不要以为水从茶炊里流出来的速度永远是一样的。第一杯水从茶炊里流出来后，水流受到的压力会因为茶炊的水位降低而减小。因此，要装满第二杯水，就需要比半分钟更长的时间；装满第三杯，用的时间还要再长一些……

任何装在没有盖的容器里的液体，从孔中流出来的速度跟孔上面液体柱的高度成正比。伽利略的学生托里拆利第一个说明了这个关系，并用简单的公式把它表达出来：

$$v = \sqrt{2gh}$$

其中，v 表示液体流出来的速度，g 表示重力加速度，h 表示孔到液面的高度。从这个公式中可以看出，液体流动的速度跟液体的密度完全没有关系，轻的酒精和重的水银在液面同样高的情况下，从孔中流出来的速度是一样的。同时，从公式中也能看出来，在重力加速度只有地球上的 $\frac{1}{6}$ 的月球上，流满一杯水所需要的时间，一定相当于地球上所需要的时间的 $\sqrt{6} \approx 2.5$ 倍。

现在我们再回到原来的话题，如果茶炊里的水面高度（从龙头的孔算起）降低到原来的 $\frac{1}{4}$，那么装满下一杯水所需要的时间，就相当于装满第一杯水所需时间的 2 倍。如果水面继续降低到原来的 $\frac{1}{9}$，那么装满下一杯水所需要的时间就相当于装满第一杯水所需时间的 3 倍。大家知道，茶炊里的水快流完时，从里面流出来的水流得是多么缓慢呀。

水槽蓄水问题为何错了两千多年？

对上面讲到的问题稍加改造，就得到大家比较熟悉的，每一本算术习题集或者代数习题集都要收录的水槽蓄水问题。也许，大家会记得这样一个古典而烦琐的问题：

"在一个水槽中装有两根自来水管（见图45）。打开第一根管子的开关，可以在 5 小时内使水槽装满水；打开第二根管子的开关，可以用 10 小时把水槽里的水放完。如果同时打开两根管子的开关，需要多长时间才能使水槽装满水？"

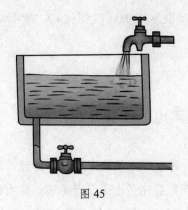

图 45

这类问题很古老，第一个提出这类问题的人可以追溯到两千多年前的希罗。下面就是他提出来的问题——他的问题比后辈们提出的问题简单得多：

假设有一个大水池，四个喷泉。

第一个喷泉一昼夜能把水池灌满。

第二个喷泉两天两夜能做完同样的工作。

第三个喷泉灌满水池的时间只有第一个的三分之一。

最后一个要四昼夜才能将水池灌满。

请问：如果四个喷泉同时喷水，需要多少时间才能把水池灌满？

人类解答这类问题已经有两千多年了，但是人们的答案也错误了两千多年。为什么说是错误的呢？看了刚才那个关于茶炊的问题，你就明白了。水槽蓄水问题一般是怎样解答的呢？一般是这样解答：在 1 个小时内，第一根管子会把水槽灌满 $\frac{1}{5}$，第二根管子会把水漏掉 $\frac{1}{10}$，即两根管子同时开放时，每小时实际上装进水槽里的水是 $\frac{1}{5}-\frac{1}{10}=\frac{1}{10}$，由此可以推算出装满水槽所需要的时间是 10 小时。然而，这种推理是不准确的：即使水是在不变的压力下均匀地流进水槽，但是它总是在水面越来越高的情况下不均匀地流出水槽。所以，我们决不能根据"第二根管子可以用 10 小时放完水槽里的水"这个条件，简单地下结论说，每小时可以放出 $\frac{1}{10}$ 的水。这是在利用中小学算术的方式来解答问题，必然会算错。初等数学既然不能解答水槽流水问题（涉及水流的速度变化），就不应该把这类题收在算术习题集里。

如何让水保持匀速流出而不变慢？

能否制造出这样一种容器，不管水面是否降低，容器内的水始终保持匀速流出而不会越来越慢？看完了上面几节内容，你可能认为这是不可能的。

但是，这是能够办到的。图 46 所画的瓶子就是这种奇异的容器。它是一个普通的窄颈瓶，一根玻璃管通过它的塞子插入瓶中。如果你打开玻璃管下边的龙头（位置 C），水就会匀速地流出，一直到容器里的液面降低到和玻璃管下端相平的位置。如果把玻璃管插到与水龙头平齐的地方，就能使水龙头上方的水全部匀速地流出来，尽管这股水流会很弱。

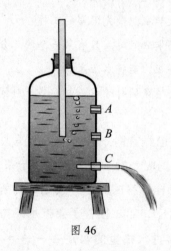

图 46

这是为什么呢？让我们想一下，在水龙头开着的时候，容器里面会发生什么情况。水向外流的时候，容器里的液面会下降，外面的空气就会通过玻璃管流进容器中，此时会产生气泡，聚集在容器内的水面上。此时，位置 B 处水平面上所受到的压力等于大气压。换句话说，从 C 处流出的水，只是在 BC 那一层水的压力下向外流，因为容器内外的大气压力是可以相互抵消掉的。也正是因为 BC 那一层水的高度是不变的，所以从龙头流出的水始终保持着同样的速度，就没有什么好奇怪的了。

现在有个问题需要你来回答：如果拔掉跟玻璃管下端相平的塞子 B，水会以多快的速度流出呢？

答案是水不会向外流（当然这种情况是以孔非常小，可以不考虑它的高度为前提的，不然的话，水会在同孔的高度一样厚的那一薄层水的压力下向外流）。实际上，这里的内外大气压是一样的，没有什么力量能够迫使水向外流。

如果你把比玻璃管下端高的位置 A 处的塞子拔出，不但不会有水流出，还会有外面的空气从这里流进容器里。为什么会这样呢？原因非常简单：容器中这一部分的空气压力比外面的大气压小。

空气压力有多大？

在 17 世纪中期，雷根斯堡的居民曾经看到过一件奇怪的事：一共有 16 匹马拉两个合在一起的半球，其中 8 匹拉向一面，另外 8 匹拉向另一面，用尽全力也没能把合在一起的两个铜制的半球拉开。是什么原因让它们合得这么紧呢？"没什么，是空气。"当时身为市长的奥托·冯·格里凯就这样让大家亲眼看到了空气并不是"真的什么也没有"，而是有重量的并且能对地面上的所有物体施以很大的压力。

这个实验是在 1654 年 5 月 8 日进行的。

关于著名的"马德堡半球"实验，物理教科书中有相关介绍。但我相信，若是能从格里凯本人口中听到这个故事，肯定会更有趣。叙述他的实验过程的一本书篇幅很长，是用拉丁文写的，1672 年在阿姆斯特丹出版。与那个时代所有的书一样，这本书的名字很长——《在无空气空间里进行的所谓新的马德堡实验》。实验最初由维尔茨堡大学教授卡斯帕尔·萧特规划，书由作者自己出版，是内容最详细的版本，并附有各种新实验。

这本书的第 32 章专门讲述了这个实验，我们从中摘取几段内容过来：

证明空气的压力能够把两个半球压紧，甚至连 16 匹马都不能拉开。

我做了两个铜制的半球，直径是四分之三马德堡肘^①，但实际上只有 $\frac{67}{100}$ 肘，因为工匠们一般情况下都不能精确地按照尺寸制作出东西来。两个半球倒是能够完全吻合。在一个半球上装上一个活栓，通过活栓能够抽掉球内的空气，并阻止外面的空气进去。同时，在两个半球外面还安装了四个环，环上系着绳子，绳子的另一头拴在马的驾具上。我还叫人缝了一个皮圈，并放进蜡和松节油的混合物中浸透，然后把皮圈紧紧夹在两个半球的中间，这样空气就不会漏进球内了。活栓接上抽气筒的管子，把球内的空气抽出来。此时就可以看出，两个半球是用多大的力量通过皮圈紧紧合在一起。外面的空气把它们压得紧紧的，连 16 匹马（拼命挣扎着）都不能拉开它们，或许要费很大力气才能拉开它们。当马最终用尽全力把两个半球拉开时，还发出了很大的响声，如同放炮一样。

可是，只要把活栓转动一下，使空气能够流进球内，两个半球就能用手轻易拉开。

一个简单的算法就能告诉我们，为什么用这样大的力气（每一边 8 匹马）才能把两个半球分开。空气的压力在每 1 平方厘米上大约是 10 牛顿，直径 0.67 肘（37 厘米）的圆的面积^②等于 1 060 平方厘米。换句话说，大气加在每一个半球上的压力在 10 000 牛顿之上。每一边都应该用 10 000 牛顿的力量来拉，才能抵消掉球外空气的压力。

表面上看，这个力量对每一边的 8 匹马来说，好像并不是很大。但是，不要忘记，平常马拉 1 吨重的货物，所要克服的阻力并不是 10 000 牛顿，而是要比这小得多，只有在车轮和轮轴之间、车轮和道路之间的摩擦力。这种摩擦力，比如说在公路上，不过是货物重量的 5%，即拉 1 吨重的货物需要克服的摩擦力只有 500 牛顿（实验告诉我们，8 匹马一起拉货的时候要损

---

① 1 个"马德堡肘"等于 550 毫米。

② 这里所说的圆的面积，不是指半球表面面积。因为大气的压力只有在垂直作用于表面时，才会有上面所说的数值，对斜的表面来说，这种压力就比较小，所以这里我们所用的是球的表面在平面上的正投影，也就是大圆的面积。

失一半的拉力，这一点我们暂时先不谈）。因此，8匹马的10 000牛顿拉力足可以拉动20吨重的货车。这下，你该知道马德堡半球实验中空气的压力有多么大了，它们好像是在拉一台不在轨道上的小火车头。

有人曾经测量过，健壮的驮马拉货车时所用的力量，不超过800牛顿[①]。所以为了拉开马德堡半球，在平稳地拉拽的情况下，每一边都得用 $10000 \div 800 \approx 13$ 匹马[②]。

读者如果得知我们骨骼的某些关节之所以不会脱落，也跟马德堡半球不太容易分开有同样的原因，会不会感到很惊奇？我们的髋部关节（见图47）正是这样的"马德堡半球"。如果把连在这个关节上的肌肉和软骨都去掉，大腿还是不会掉下来：大气压力把它们压在一起了，因为髋关节的间隙里是没有空气的。

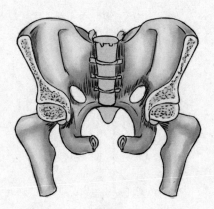

图 47

---

① 这是在速度为4千米/时的时候所用的力量。平均来说，马的拉力等于它自身所受重力的15%，轻的马大约是400千克，重的马约为750千克。在极短的时间里（刚用力的时候），拉力要大好几倍。

② 关于为什么每一边都得用13匹马，读者可以参看《趣味力学》第一章"两匹马的作用力"一节。

喷泉是怎样设计的？

大家应该都知道一种普通形式的喷泉，这种喷泉是由古代的力学家希罗设计的。这里先谈一下它的构造，然后再谈它有趣的新形式。希罗喷泉（见图48）是由三个容器组成的，上面是没有盖的碟子（a），下面是两个密闭的球（b和c）。这三个容器用三根管子相连，连接的方法如图中所示。当碟子a里装有一些水，球b里装满水，球c中装满空气时，喷泉就开始工作了：水沿着管子从a流到c，把c里的空气排到球b中，球b中的水受到空气的压力，就会沿着管子往上冒，在容器a上形成喷泉。当球b里的水流完时，即当球b里的水都进入球c时，喷泉就停止喷水。

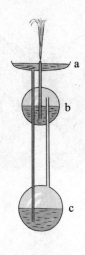

图48

这就是老式希罗喷泉的构造形式。今天，意大利一所学校的老师对它进行了改造。这位老师因为物理实验室的设备太少，不得不运用自己的创造力来简化希罗的喷泉装置，结果他想出了一种用最简单的设备来制造喷泉的新方法［如图49（a）所示是碟子的另一种形式］。在新装置中，药瓶代替了球形容器，橡皮管代替了玻璃管或者金属管。容器也不需要穿孔，只要像图49（b）所画的那样，把橡皮管的一端放在里面即可。

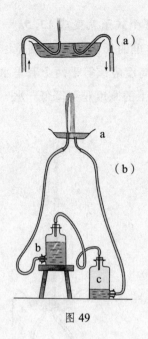

图 49

经过这样的改造，仪器使用起来就方便多了：当瓶子 b 中的水经过碟子 a 全部流进瓶子 c 时，只需简单地把 b、c 两个瓶子换一下位置，同时也不要忘记把喷嘴移到另一根管子上去，喷泉就会重新喷水。

改造后的喷泉还有一个方便之处，即我们可以任意变动容器的位置，以便研究各个容器中的水面之间的高度差对水流喷射高度的影响。

如果你想把喷泉的喷射高度加大好几倍，只需要把这个装置下面两个瓶子里的水换成水银，把空气换成水，同时把喷嘴移动一下（见图 50）就可以了。这个装置所起到的作用还是很容易理解的：水银从瓶 c 流进瓶 b 时，就把瓶 b 里的水排出去，造成喷泉。水银的密度大约是水的 13.5 倍，知道了这一点就可以算出此时的喷泉可以喷多高。让我们用 h_1、h_2、h_3 来表示各个液面之间的高度差。现在可以研究一下瓶 c 里的水银是受多大的力而向瓶 b 流去的。两个瓶子之间的连接管内的水银受到了两个方面的压力，右边对它起作用的是高度等于 h_2 的一段水银柱的压力（这个压力等于高度为 $13.5h_2$ 的水柱的压力）加上高度等于 h_1 的水柱的压力。左边起作用的是高度为 h_3 的水柱的压力。总体来看，水银所受的压力等于以下这么高的水柱的压力：$13.5h_2 + h_1 - h_3$。但是，$h_3 - h_1 = h_2$，所以我们可以用一

h_2 来代替 $h_1 - h_3$，上面那个式子就变成 $13.5h_2 - h_2$，也就是 $12.5h_2$。这样看来，将水银压进瓶 b 里的压力等于一根高达 $12.5h_2$ 的水柱的重力。理论上来说，喷泉喷射的高度应该等于两个瓶里水银面高度差的 12.5 倍，但是摩擦力会使这个理论上的高度稍微降低一些。

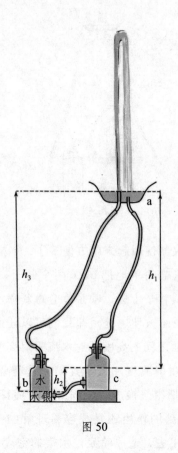

图 50

尽管如此，这个装置仍然使我们有可能得到很高的喷射水流。比如说，为了让喷泉达到 10 米的高度，只要把一个瓶子移动到比另一个瓶子高大约 1 米的位置就可以了。奇怪的是，从我们计算的结果看，碟子 a 离水银瓶的高度对喷泉的高度一点影响都没有。

如何喝到壶形杯里的酒？

在古时候，大约 17—18 世纪，有一些贵族会用下面所讲的具有一定科学意义的玩具来取乐：准备一个壶形杯——其上部刻有像花纹一样的切口（见图 51），在杯里装上酒，拿给身份比较低的人喝，以此同他们开玩笑。用这种壶形杯喝酒会出现什么情况呢？那就是一旦把杯子斜过来，酒就会从切口中流出，一滴也喝不到嘴里。此时的情景，就如同童话中所说的那样：

> 我也曾经在那里，
>
> 喝着蜂蜜酿的酒，
>
> 沿着胡子流下来，
>
> 可一滴都没到嘴。

图 51 的右图指出了这种杯子的秘密所在：只要用手指按住孔 B，再用嘴在壶嘴上吸，不必把杯子倾斜，就能喝到酒——因为酒会经过孔 E 沿着壶柄里的一条管道和这条管道的延长部分 C（位于壶口边缘中）来到壶嘴处。

图 51

倒置玻璃杯内的水有多重？

"当然一点重量都没有，因为水不能留在这样的杯子里，它会流掉。"看到这个问题，你可能会给出这样的答案。

"如果它不流掉，会有多重呢？"我问。

事实上，是可以让水留在底朝天的杯子里而不流掉的。图 52 所画的就是这种情况。一个倒置的盛满水的玻璃高脚杯，它的底被缚在天平的托盘上，这个杯子里的水不会流掉，因为杯子的边缘是浸在一个装有水的容器内的。在天平的另一个托盘上放着一个相同的空的玻璃高脚杯。

那么，哪一边比较重呢？

答案是缚着底朝天的、盛满水的高脚杯的这边。

这个杯子上面受到的是整个大气压力，而下面受到的大气压力却要减掉杯子里所盛的水的重力。

为了使两边平衡，必须在另一个托盘上的杯子里也装上水。

可见，在上面所说的条件下，那个倒过来的杯子里的水的重量跟正立着的杯子里的水的重量是相同的。

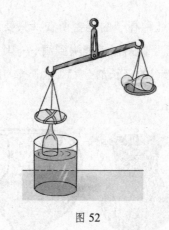

图 52

小船为何会不受控地撞向大船？

1912 年秋天，远洋航轮"奥林匹克"号——当时世界上最大的轮船之一，发生了这样一件奇怪的事。当时，"奥林匹克"号正在大海上航行着，距离它 100 米远的地方，一艘比它小很多的铁甲巡洋舰"豪克"号与它保持平行地疾驰着。当两艘船到了如图 53 所画的位置时，意外发生了：小船好像受到了某种看不见的神秘力量的牵引，竟然脱离舵手的控制，突然扭转船头朝着大船开去，几乎笔直地朝着大船冲了过去，造成了撞船事故。"豪克"号的船头撞在了"奥林匹克"号的船舷上，撞击非常猛烈，"奥林匹克"号的船舷被撞出了一个大洞。

审理案件时，大船"奥林匹克"号的船长被海事法庭判定为有过失的一方，法院的判决书将原因归于船长的调度失当，因为"奥林匹克"号的船长没有发出任何命令给横着开来的"豪克"号让路。

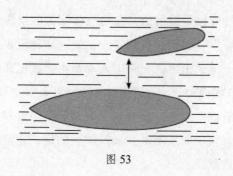

图 53

其实，这起撞船事故的发生完全是一件难以预料的事情，因为这次事故是由两条船之间的相互吸引造成的。遗憾的是，当时的海事法庭并没有看出其中的异常来。

这样的事故也许在平时两条船平行前进时也发生过许多次。但是，在不能建造很大的船的年代，这种现象显得并没有那么严重。只是在最近这几年里，海洋里航行了许多"漂浮的城市"后，船的吸引现象才变得显著起来。在海军操演的时候，舰队司令也很重视这种现象。

从大轮船或者军舰旁边驶过的小船所出的许多事故，大概都是由同样的原因引起的。

那么怎么解释这种现象呢？当然，这里不能用牛顿的万有引力定律来解释，因为我们在第四章已经对此说明过，引力在这里是非常小的。一定是其他原因导致了这样的现象发生。我们用液体在管子里或沟里流动的原理来解释它。可以证明，如果液体沿着一条忽宽忽窄的沟渠向前流动（见图

54），那么在沟渠狭窄的地方，水流就会变快，并且压向沟壁的力量比在宽的部分流动时小些。而在宽的部分，水流得要慢些，并且压向沟壁的力量也要大些（这就是所谓的伯努利原理）。

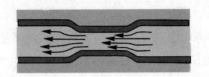

图 54

这个原理对于气体也是适用的。在与气体相关的学说中，这种现象被叫作"气体静力学怪事"。据说，人们第一次发现这种现象完全是因为一件偶然的事。在法国的一座矿山中，一个工人奉命用护板把和外坑道（用于向矿井内输送压缩空气）相通的一个孔遮起来。这个工人跟冲入坑道里的空气"斗争"了很久，也没能把孔遮上。没想到，突然间，护板却"砰"的一下自己关上了，而且力量奇大，如果不是护板足够大的话，它可能与大吃一惊的工人一起被拉进通风道里。

说起来，气流的这种特性也解释了喷雾器的工作原理。如果我们向一根一头缩细的横管 a 吹气（见图 55），气流在通过变细的部分时压力减小，这样直管 b 上方就会出现压力比较小的空气。结果，大气压力就把杯子里的液体沿着直管 b 压上来；液体到了管口，落在吹来的气流里，变成雾状散播在空气中。

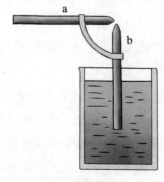

图 55

现在，我们该明白两艘船之间产生引力的原因了。当两艘船平行航行时，它们之间如同有一条沟。在普通的沟中，沟壁是不动的，只有水在动。在这里却相反，水是不动的，沟壁在动。但是其中产生的力的作用并没有变化：在这条能动的沟的狭窄部分，水对沟壁施加的压力比它对轮船周围空间所施加的压力要小。换言之，两艘轮船相对的两侧（内侧）受到的水的压力比两船外侧受到的压力要小。这会造成什么后果呢？两船在外侧的压力作用下一定会相向运动，而比较小的船的运动自然会显著些，比较大的船运动不明显，几乎跟停留在原处一样。这就是当大船快速从小船边驶过时，小船会被强大的引力吸引的缘故。

可见，船只之间的引力是由水流造成的（见图 56）。急流对游泳的人来说很危险，漩涡的吸引作用，都可以从中找到解释。

可以计算出，河里的水以 1 米／秒的速度流动时，会有 300 牛顿的力加在人的身体上。受到这种力量的"吸引"，人是不太容易站立住的，更何况我们身体的重量并不能使我们在水中保持稳定。此外，飞速前进的火车也有吸引作用：在以 50 千米／时的速度前进时，会对站在车旁的人产生大约 80 牛顿的吸引力。这也可以用伯努利原理来解释。

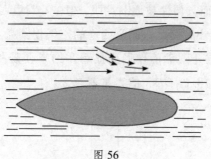

图 56

和伯努利原理有关的现象虽然常常出现，但是一般人对它却知道得很少。所以详细地解释一下是有好处的。

1726 年，丹尼尔·伯努利首先提出一个原理：在水流或气流里，如果速度小，压力就大；如果速度大，压力就小。当然，这个原理有一定的局限性，这里我们先不谈论它。

图 57 是这一原理的图解。向管子 *AB* 中吹入空气，在管子的截面小的地方，如 *a* 处，空气的速度大；而在截面大的地方，如 *b* 处，空气的速度小。在速度大的地方压力小，在速度小的地方压力大。因此，*a* 处的空气压力小，那么 *C* 处管里的液体就会上升；同时 *b* 处的空气压力大，使得 *D* 处管里的液体下降。

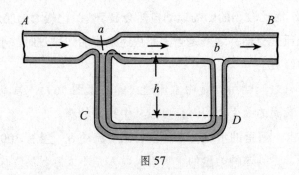

图 57

在图 58 里，竖管是固定在铜制的圆盘 *DD'* 上的。空气从竖管出来后，还要擦过另外一个跟竖管不相连的圆盘 *dd'* [①]。两个圆盘之间的空气流速很大，但是越接近盘子的边缘，速度降低得越快。因为气流从两盘之间流出来后，截面迅速增大，而且惯性被逐渐克服。但是，圆盘四周的空气压力很大，因为它的流动速度很小。因此，圆盘四周的空气使圆盘互相接近的作用比两个圆盘之间的气流推开圆盘的作用更显著，结果便是从竖管吹出的气流越强，将圆盘 *dd'* 吸向圆盘 *DD'* 的力量就越大。

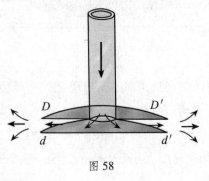

图 58

---

① 同样的实验如果用线轴和圆纸片来做，就会更简便。为了使圆纸片不滑向一边，可用大头针穿过线轴的槽，把纸片固定。

图 59 和图 58 相似，不同之处在于将空气换成了水。如果圆盘 DD' 的边缘是向上弯曲的，那么在圆盘 DD' 上迅速流动的水会从原来比较低的位置上升到跟水槽里的静水面一样高。因为圆盘下面的静水对圆盘的压力，比圆盘上面的动水对圆盘的压力更大，致使圆盘上升。轴 P 的用途是不让圆盘向旁边移动。

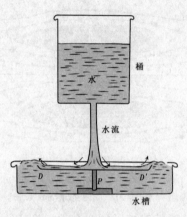

图 59

图 60 画的是一个飘浮在气流中的很轻的小球。气流冲击着小球，不让它落下来。当小球跳出气流时，周围的空气就会把它推回气流里，因为周围的空气速度小、压力大，而气流的速度大、压力小。

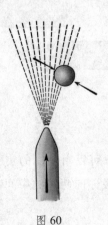

图 60

图 61 中的两艘船在静水中并排航行，或者并排停在流动的水中。两艘船挨得很近，之间的水面比较窄，所以从两船之间流过的水流速度就比船外侧的水流速度大，压力要比两船外侧的水流压力小。结果这两艘船就会被围绕在它们周围的压力比较大的水挤到一起。海员们都知道两艘船并排行驶时会产生强烈的相互吸引作用。

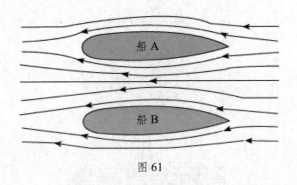

图 61

如果两艘船平行前进，而其中一艘船稍微靠后，如图 62 所示，那么这种情况会更严重。致使两艘船接近的两个力 F 和 F'，会让船身转向，而且船 B 转向船 A 的力量更大。这种情况下，撞船是一定的，因为船舵已经来不及改变船的方向了。

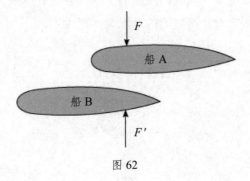

图 62

图 61 里所说的这种现象可以用下面的实验来说明。把两个很轻的橡皮球按照图 63 那样吊着。如果你向两球的中间吹气，它们就会彼此接近，并且会互相碰撞。

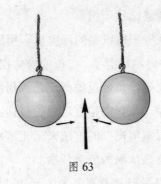

图 63

鱼鳔有什么用？

关于鱼鳔的作用，一般的说法是，当鱼想从深水中浮到水面上来时，就会鼓起自己的鳔，让自己的体积增大，使被排开的水的质量大过自己的体重——根据阿基米德原理，鱼就会上升到水面。如果它不想继续上升，或者想沉到水下，就会压缩自己的鳔，让自己的体积缩小，从而使排开的水的质量变小。

关于鱼鳔的功能，这种观点由来已久，听起来也颇有道理。这种观点最早出现在 17 世纪的佛罗伦萨科学院，1685 年由波雷里教授提出。此后的两百多年间，并没有谁对此提出过异议，因此该观点也在学校教科书中深深地扎下了根，代代相传！直到一系列新的研究成果出现后，人们才知道这个理论是不成立的。

毋庸置疑，鱼鳔与鱼的沉浮是有一定关系的。因为失去了鱼鳔的鱼——它的鳔在实验时被切掉了——只有在鳍不断摆动时，才会浮在水中，一旦停止摆动，就会沉到水底。那么鱼鳔的具体作用是什么呢？它的作用十分有限：只是帮助鱼停留在某一个深度——就是停留在鱼所排开的水的质量等于它本身质量的那个深度上。当鱼用鳍使自己下降到比这个深度更低时，它的身体由于受到从水那一方面来的比较大的压力就会缩小，并对鳔施加压力。此时，鱼排开的水的质量变得比鱼的体重小，于是鱼就会下沉。下沉得越深，水的压力就越大（每下沉 10 米，水的压力就增加 1 个大气压），鱼的身体就会被压缩得越小，也就更会继续往下沉。

鱼在离开原来可以保持平衡状态的深度后，用鳍的力量使自己升高，也会出现这种情况，只是方向相反罢了。在鱼的身体摆脱一部分外来的压力后，鱼鳔会从里面把它撑大（此前鱼鳔里的气压是跟周围的水压平衡的），体积增大了，就会向着高处浮。鱼升得越高，它的身体就会胀得越大，就会继续往上升。鱼是不能用"压缩鱼鳔"的方法来阻止这种趋势的。因为鱼鳔的壁上并没有能够主动改变自己体积的肌肉纤维。

事实上，鱼的体积是被动变化的，这一点可以用下面这个实验（见图64）证明。把一条用氯仿麻醉过的鲤鱼放在一个盛着水的密闭容器里，容器内的压力与天然水池一定深度的压力相接近。此时，鱼会肚子朝天一动不动地躺在水面上。即使让它沉得深一些，它也会很快重新浮上来。如果把它放在距离容器底部比较近的地方，它就会朝着容器底部下沉。但是在这两个深度之间的一层水中，鱼却可以保持平衡状态，不下沉，也不上浮。只要回想一下刚才说的鱼鳔的胀缩是被动的，就容易明白了。

图 64

所以，与通行观点不一样的是，鱼是不会胀大或者缩小自己的鱼鳔的。鱼鳔体积的改变是被动的，是在外部压力增强或者减弱的情况下进行的。这种体积的改变对鱼来说，不但没有好处，相反还会给它招来害处。因为它会让鱼不得不越来越快地沉到水底，或者越来越快地浮到上面来。换言之，鱼鳔能够帮助鱼在不动的时候保持平衡，但是这种平衡是不稳定的。

捕鱼人对此深有体会。在深海捕鱼时，经常看到有的鱼在半途中逃脱了，但是与人们想象的相反，它并不是沉到深水中，而是急速地浮到水面上。此时再看这些鱼，甚至能看到有的鱼的鳔已经突出到嘴外面来了。

对于鱼的沉浮来说，鱼鳔的作用就是这样[①]。至于它在鱼的身体内是否还起着别的作用，目前还不知道。所以，就目前来讲，这个器官还是一个没有破解的谜。现在完全解释明白了的，只是它在流体静力学方面的作用。

什么是涡流运动和涡流现象？

有许多自然现象，都不能用简单的物理学原理来解释。比如有风的天气在海洋上看到的波浪现象，就不能用中学物理教科书的内容解释明白。又如，在轮船航行时，从船头涌向原本平静的海面的波浪是怎样形成的呢？刮风的时候旗帜为什么在风中飘动？海岸上的细沙为什么会排列得像波浪一样呢？从工厂的烟囱里冒出来的烟为什么是一团一团的呢？

想要明白这些或者类似的现象，就必须懂得液体和气体的所谓涡流运动的特点。这里我们略微多讲一些涡流现象，并指出它们的主要特点，因为学校教科书中是不会说到的。

假设在管子里流动着一种液体，它里边的所有微粒都是顺着一些平行线前进的，那么这就是一种最简单的液体运动形式——平静地流动，物理学家称之为"层流"运动（见图 65）。

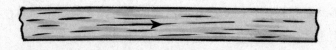

图 65

---

① 鲨鱼是较原始的软骨鱼类，而软骨鱼类没有鱼鳔，只能靠不停地活动才能保证身体不沉入水底。科学家们的研究表明，鲨鱼巨大的肝脏有可能有调节沉浮的能力。

但是，这并不是最常见的现象。相反，液体在管子里不平静地流动才是最常见的现象，有许多涡流都是从管壁流向管轴的。这就是所谓的涡流运动（见图66），也叫湍流运动。比如自来水管内的水就是这样运动的（细的水管除外，细管内的水是层流的）。一种液体在一定粗细的管子里的流动速度达到一定大小的时候，即达到所谓的临界速度[①]时，总会形成涡流。

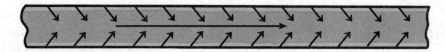

图 66

如果我们让一种透明的液体流过一根玻璃管，并在液体内放入一些非常轻的粉末，如石松子粉，我们就能用肉眼看到管子里的涡流运动了。此时，能非常清楚地观察到从管壁向管轴行进的涡流。

涡流的这个特点，在制造冷藏器和冷却器的技术中都会利用到。在管壁被冷却的管子里，涡流能迅速使所有液体接触管壁；若没有涡流，这一过程就会很慢。需要注意的是，液体本身是不大容易传热的，如果不去搅拌它们，它们的冷却或者升温会非常慢。血液和它流过的各个组织之间之所以能够那样快地交换热和物质，也正是因为血液在血管里的流动不是层流而是涡流。

上面所说的理论，也同样适用于露天的沟渠和河道。在沟渠和河道里，水也是以涡流形式前进的。如果能够精确测量水流的速度，那么测量仪器上就会出现一种脉动现象，特别是靠近河底时脉动现象表明水流方向是经常改变的。河水不但像我们平时看到的那样沿着河床流动，同时还向河心流动。因此有人说，在河里的深水区，一年四季的温度都是一样的（总是4℃）。这个说法显然是错误的，因为在靠近河底的地方，水总是不断被搅拌着，其温度跟河面上的温度差不多（湖里的情况就不是这样的了）。

在河底附近形成的涡流会扬起轻沙，致使在河底形成沙"波"。同样的

---

① 液体的临界速度跟液体的黏滞性成正比，跟液体的密度和它流过的管子直径成反比。

道理，在波浪能淹到的海滩上，也会出现这样的沙波（见图67）。如果靠近水底的水流是平静的，那么水底的沙面就是平滑的。

图67

如此说来，被水冲刷的物体表面附近会形成涡流。关于这一点，可以用漂流在河中的弯曲的绳索（绳子一头系牢，另一头随水漂流）来说明。在绳子的某一段附近出现涡流时，这一段绳子就随着涡流运动，过了一会儿，另一个涡流形成了，这段绳子又随之运动，于是，绳子就变成蛇形的了（见图68）。

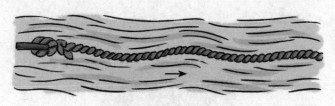

图68

现在我们要将目光从液体转移到气体，从水中转移到空气中来。大家都见过旋风把尘土、稻草等东西从地面卷起。这就说明，此时在地面上方形成了空气涡流。当空气沿着水面运动，形成了旋风时，由于空气的压力降低，水面就会升高，于是引起了波浪。在沙漠中，沙丘的斜坡上会产生沙波，也是由于同样的原因（见图69）。

图 69

　　现在我们明白旗子为什么会在风里飘扬了（见图 70）：此时旗子遇到的情况同绳子在水里遇到的情况类似，旗子在风里不能保持固定方向，总要随着涡流摇摆不定。

　　工厂的烟囱里冒出的烟是一团一团的，也是由于同样的原因：炉子里的气体流向烟囱时，也在做着涡流运动。在烟离开烟囱后，因为惯性，这种运动还会持续一段时间（见图 71）。

图 70

图 71

空气的涡流运动对于飞行也很重要。是什么力量支托着机翼？最新实验测定，翼面空气的高压区（＋）和低压区（－）是像图 72 中这样分布的，由于所有支托力和吸引力的作用，机翼就上升了（实线表示压力的分布，虚线表示在飞机飞行速度急剧增加时的压力分布）。飞机的机翼形状特别，机翼的下方由制作机翼的特殊材料把空气稀薄的部分填充了，而在机翼的上方，涡流作用被加强了。结果，机翼从下方得到一个支托力，从上面得到一个吸引力。鸟类展翅飞翔时，也是同样的道理。

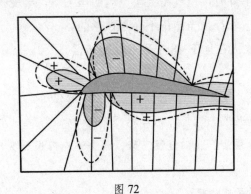

图 72

当风吹过屋顶时，风又起到了什么作用呢？空气的涡流运动在屋顶上方造成了一个空气稀薄的区域，屋顶下方的空气要平衡这种压力，就会向上涌。

于是，人们有时候就会看到，一些钉得不牢固的屋顶，会被风刮跑。同样的道理，超大的窗户玻璃在刮风的时候也会从里往外被压碎（不是从外往里被压碎）。这个现象也可以用流动着的空气压力减小的道理来解释（参考前面讲的"伯努利原理"），这样会简单些。

当温度和湿度都不同的两个气团彼此贴着流动时，每个气团都会产生涡流，这样就会产生各种形状的云。

涡流涉及范围广泛，所以，与涡流有关的现象无处不在。

地心深处是什么样的？

地球的半径大约为 6 400 千米，但是还没有人到过地下 3 300 米以下的深处，而这距离地球的中心，还有很长的一段路。尽管如此，富有想象力的儒勒·凡尔纳在自己的小说中，让两个主人公——怪教授黎登布洛克和他的侄儿阿克赛——下到地心去了。在《地心游记》一书中，他写了这两位地下旅行家的惊人冒险事迹。他们在地下遇到的种种惊险中，有一件是空气的密度增大的危险。在地表之上，空气是随着高度的增加而越来越稀薄：在高度按照算术级数增加时，空气的密度是按照几何级数减小的。反过来，在向海平面以下的地方下降时，空气在上层空气的压力下，会变得越来越密实。这一点，这两位地下旅行家当然是不会不在意的。

下面是叔侄二人在地下 48 千米深处的谈话。

"看一下，气压计指在什么地方了？"叔父问。

"压力变大了。"

"现在你看到，我们慢慢下降，就会逐渐习惯密实的空气了，一点也不觉得难受。"

"只是耳朵有些痛。"

"这不算什么！"

"你说得对，"我不打算跟叔父争论，就这样回答，"在密实的空气中还觉得很愉快呢，你听，这里的声音是多么响亮啊！"

"当然了，在这种空气中，就算是个聋人也能听见声音。"

"但是空气变得越来越密实了。到最后，它会同水一样吗？"

"当然会的，在 770 个大气压下就会是这样。"

"再往下降呢？"

"密度还会增加。"

"如果那样，我们怎么办？"

"可以在口袋里装些石头。"

"嘿！叔叔，你总是有办法的！"

我不想再猜测什么了，因为我害怕再说出什么阻碍旅行的话来，使叔父生气。但是有一件事很明显，就是在几千个大气压下，空气可能会变成固体，到那个时候，就算人经受得住这种压力，我们也只好停止前进了。这是个不用争论就能确定的问题。

上面这些都是小说家告诉我们的。如果我们来检验一下这些话的真实性，就会发现这些都只是一些没有根据的幻想。我们没必要到地心去研究这些事情，只需准备一支铅笔和一张纸，就能在物理学的领域内做一个小小的旅行。

首先，我们计算一下，下降到什么程度，才能使气压增加 $\frac{1}{1000}$。正常的大气压等于 760 毫米汞柱的重量（1 个标准大气压 = 760 毫米汞柱 = 1.01×10^5 帕斯卡）。假如我们生活在水银里，那么我们只需要下沉 $\frac{760}{1000}$ = 0.76 毫米，就能使压力增高 $\frac{1}{1000}$。但是在空气中，我们需要下降得更多，这个深度相对于 0.76 毫米的倍数，应当是水银与空气的密度之比，即 10 500 倍。所以，要使压力相对正常气压增加 $\frac{1}{1000}$，我们下降的深度就不会像在水银里那样只下降 0.76 毫米，而是要下降 10 500×0.76 毫米，也就是差不多 8 米。当我们继续下降 8 米时，压力又会增大 $\frac{1}{1000}$，以此类推[①]。因此，无论我们在哪个高度上——在人类的极限高度（22 千米）也好，在珠穆朗玛峰的顶上（约 9 千米）也好，又或者是在海平面上，都必须下降

① 下一个 8 米厚的空气层，要比上一层更密实，因此压力增加量在绝对数值上要比上一层增加的更大。

8 米才能使气压比原来的数值增大 $\dfrac{1}{1\,000}$ 。由此，我们得出了空气压力随着深度增加而增大的大致规律：

在地面上，压力＝760 毫米汞柱＝正常气压

在地面下 8 米深处，压力＝正常气压的 1.001 倍

在地面下 2×8 米深处，压力＝正常气压的 $(1.001)^2$ 倍

在地面下 3×8 米深处，压力＝正常气压的 $(1.001)^3$ 倍

在地面下 4×8 米深处，压力＝正常气压的 $(1.001)^4$ 倍

总之，在 n×8 米深处，大气的压力就等于正常压力的 $(1.001)^n$ 倍，同时，在压力并不是很大的时候，空气的密度也会增加相同的倍数（玻意耳定律）。

根据小说所述，地下旅行家到达的深度不过 48 千米，所以重力的减小以及与之有关的空气重量的减小，都可以不计算。

现在计算一下儒勒·凡尔纳笔下的地下旅行家在 48 千米（48 000 米）深处所受到的压力。在算式中，$n = \dfrac{48\,000}{8} = 6\,000$。计算 $(1.001)^{6\,000}$ 会很枯燥，用对数会省力些。关于对数，拉普拉斯说得很对，它能缩短我们的劳动时间，相当于延长了计算的人的寿命[①]。在用对数计算时，要求的数的对数等于 $6\,000 \times \lg 1.001 = 6\,000 \times 0.00043 \approx 2.6$，从而得到我们要求的数为 400。

所以，在地下 48 千米深处，大气压力是正常气压的 400 倍。实验告诉我们，在这种压力下，空气的密度会增加到原来的 315 倍。因此，小说中的地下旅行家说只有"耳朵痛"，没有其他的不适应，是值得怀疑的……儒勒·凡尔纳的小说中，又说到人们到过地下更深的地方——120 千米，甚至是 325 千米。在这些地方，空气的压力一定高到很恐怖的地步，但是，人

---

① 在学校里学习时讨厌对数表的人，如果读了拉普拉斯关于对数的说明，就会改变自己的看法。下面是《宇宙体系论》中的一段话：对数的发明，"可以把几个月所做的计算缩短到几天完成，可以说，这个方法让天文学工作者的寿命延长了一倍，并使他们少犯错误，以及减少长时间计算所造成的烦闷。这种发明是人类精神上的宝贵成就：在工艺上，人们依赖自然界里的质料和能量就能做出发明，而计算领域的技术只能靠人们自己创造。"

能够经受住的空气压力，最大也不能超过 3 ～ 4 个大气压。

同样的式子也能让我们计算出，在多深的地方，空气会变得如同水一样，即密度达到原来的 770 倍。计算得到的数字为 53 千米，但是这个数据是不可靠的，因为在高压下，气体的密度已经不和压力成正比了。玻意耳定律只在不太高的压力下（100 个大气压以内）才是正确的。下面是实验得到的关于空气密度的资料：

压力	密度（千克 / 米³）
200 个大气压	190
400 个大气压	315
600 个大气压	387
1 500 个大气压	513
1 800 个大气压	540
2 100 个大气压	564

从这个表中就可以看出，密度的增加是落在压力的增加之后的。所以儒勒·凡尔纳小说里的科学家想在到达某个深度后，空气的密度比水的密度还大，这简直是白费心思，这种情况是不会出现的。因为空气只有在 3 000 个大气压下，才能同水一样密实。在这之后，已经不可能再压缩了。要想把空气变成固体，单纯用压力而不同时依靠剧烈的降温（−146℃）是不可能实现的。

当然，公正地说，儒勒·凡尔纳的小说出版，是在刚才所说的这些事实被发现之前很久的事了，他得到的数字不对，也是可以谅解的。

让我们用上面所说的公式计算一下，不会让工人受到伤害的安全矿井，最深时应该有多深。我们的身体能承受的最大的空气压力是 3 个大气压，把矿井的最大深度用 x 来表示，得出一个这样的方程式：

$$(1.001)^{\frac{x}{8}} = 3$$

用对数算出 $x \approx 8.9$。所以，在地下大约 9 千米的深处，人是可以不受伤害地居住的。

下到过地下最深处的人是谁？

现在，抛开小说家的幻想，我们来谈谈现实世界中到达过距离地心最近的地方的人会是谁呢。答案是矿工。在第四章已提到过，世界上最深的矿井在南美洲，深度已超过3千米。注意，这里说的并不是钻探工具到达的深度（钻探工具在某些地方已经到达了7.5千米的深度[①]），而是人迹所到达的深度。下面是法国作家留克·裘尔登博士亲自参观巴西的一个矿场（深度约2 300米）后所做的一些描写：

> 有名的摩洛·维尔荷金矿，坐落在距离里约热内卢大约400千米的地方。在多山的地方坐了16个小时的火车后，就到了一个四周是丛林的深谷内。在这个以前从来没有人来过的地方，有一家英国公司在开采金矿。
>
> 矿脉是斜着往里走的。矿井也随着矿脉建成了六级采掘段。竖直的有竖井，水平的有巷道。为了寻找黄金，人类才去做这个冒险的尝试——在地壳中挖掘最深的矿井，这也算是现代社会的一个显著特征吧。
>
> 你需要穿上帆布工作服和皮革的短上衣。在里面你必须十分小心：落到井内的一块极小的石头都可能把你砸伤。我们由一位老工人陪着下去，进入第一个巷道，那里的灯光很亮。巷道里的气温低到4℃，呼呼的冷风，会让你瑟瑟发抖——这是为了降低矿井深处的温度而输进去的冷空气。
>
> 乘着狭窄的铁笼子下降到第一个700米的竖井后，就到了第二个巷道。在第二个竖井里继续下降，空气变得比较暖和了。你已经到了比海平面低的地方。
>
> 从下一个竖井开始，空气变得有些烫脸了。你浑身是汗，弓着身体，向钻机的响声方向前进。有许多赤身裸体的人在飞扬的尘土中工作。他们流着汗，手里不停地传递着水瓶。你最好不要触碰那些刚刚打下来的矿石，它们的温度高达57℃。

[①] 始于1970年苏联时期的科拉超深井，一度是世界上最深的深井。它在俄罗斯靠近挪威的边境，深度达12 262米，上部直径92厘米，下部直径21.5厘米。该深井纯为科研所用。不过该井深记录在2008年和2011年被卡塔尔的阿肖辛油井（12 289米）和俄罗斯在库页岛的OP-11油井（12 345米）所打破。——译者注

是什么原因让这种可怕又可恶的活动一直持续着呢？只是为了那每天大约 10 千克的黄金……

在描写矿井下的工人遭受极端恶劣的工作条件和残酷的剥削时，这位法国作家只说到了温度高，而没有说空气压力增大的问题。

我们可以计算一下，在地下 2 300 米深的地方，空气压力会有多大。如果那里的温度跟地面上的一样，按照我们知道的公式，那里的空气密度会增长到原来的（1.001）$^{\frac{2\,300}{8}}$ ≈ 1.33 倍。

但实际上，那里的温度并不是跟地面上一样的，而是要比地面温度高。因此空气的密度就不会增长到这么大，而是要小些。最终的结论是，就密度而言，矿井底的空气和地面上的空气之间的差异，只会比炎热夏季的空气和寒冷冬天的空气之间的差异要大一些。现在我们就会明白，为什么矿井里的气压不会引起参观者的注意了。

可是，湿度的变化是能显著地感觉到的，在这种高温下，它会使里面的人受不了。南非有个深 2 553 米的矿井（约翰内斯堡矿），在温度达到 50℃时，湿度已经到了 100%。这里正在建造一种所谓"人造气候"的装置，以起到冷却的作用，其作用相当于 2 000 吨冰块。

极高处的空气压力是怎样变动的？

在前几节中，我们讨论了去地心旅行的假想，还用表示气压和深度关系的公式帮助我们解决问题。现在，让我们冒险上升，利用这个公式，看看在极高的地方，空气压力是怎样变动的。这个公式现在的形式是：

$$p = 0.999^{\frac{h}{8}}$$

式中，p 是气压，h 是高度（单位为米）。这里用小数 0.999 代替 1.001，是因为每上升 8 米，气压不是增高 0.001，而是降低 0.001。

首先，我们来找寻这个问题的答案：需要升到多高，才能使气压降低到原来的一半？

要解决这个问题，我们把 $p = 0.5$ 代入公式中，求出高度 h 即可。即

$$0.5 = 0.999^{\frac{h}{8}}$$

对于知道对数的人来说，这个方程很容易解出来，答案是 $h \approx 5.6$ 千米。换言之，要想气压降低一半，必须上升到离地面 5.6 千米高的地方。

现在我们继续上升，跟随航空家上升到 19 千米和 22 千米的地方，进入所谓的平流层内。而我们此时乘坐的气球已经不是普通的气球了，而是平流层气球。有两只气球曾经在 1933 年和 1934 年创造了上升高度的世界纪录：前一个是 19 千米，后一个是 22 千米。

让我们分别计算一下此高度的气压。

我们计算出，在 19 千米高处的气压应当是 $0.999^{\frac{19\,000}{8}} \approx 0.093$ 大气压 ≈ 71 毫米汞柱。

在 22 千米高处的气压应该是 $0.999^{\frac{22\,000}{8}} \approx 0.064$ 大气压 ≈ 49 毫米汞柱。

可是，在气球驾驶员的记录中，我们发现实际的气压并不同于我们计算出来的：在 19 千米高处是 50 毫米汞柱，在 22 千米高处是 45 毫米汞柱。

为什么计算出来的数据跟实际数据不相符呢？我们的错误出在哪里呢？

玻意耳的气体定律，在压力小的情况下，是完全适用的，然而这一次我们忽略了另外一件事：把整个 20 千米厚的空气层的温度看成是处处一样的。但实际上，它是随着高度升高而显著降低的。平均来说，每上升 1 千米，温度会下降 6.5℃。在 11 千米的高度，温度已经降到了－56℃。但是，再往上升，温度在很大一段距离内是不会降低的。如果把这些情况都计算进去（初等数学已经不够用了），就可以得出更符合实际的结果。因此，我们以前求出的地下深处的气压，也应当被看成是近似的答案。

第七章　冷热现象

扇扇子为什么会让人感到凉快？

在天气炎热时，人们总是喜欢拿把扇子来扇一扇，这样可以使自己感到凉快很多。同时，和他在一个屋里的人往往都会感谢他，因为感觉他扇凉了整个屋子里的空气。

那么扇扇子使我们感觉凉爽的实际原因是不是"扇凉了空气"呢？为什么我们扇扇子的时候会感到凉快呢？实际情况是这样的，在我们身体周围有一层空气，当这层空气变热后就形成了一层看不见的"热气面罩"，使我们感觉到热，因为它阻止了热量的散发。在正常情况下，空气流动得很慢，这层很热的空气需要很长的时间才会被不热的较重的空气"挤"到上边去。当我们扇扇子的时候，空气的流动速度加快，热的空气被扇走了，我们的身体不断地和新的没有变热的空气接触，并把热量传递给它们。这样，我们身上的热量不断地被带走，所以我们会感觉凉爽。

由此可见，人们扇扇子就是为了加快空气流动，让没有变热的空气接触自己。当不热的空气快变热时，又用另外的不热的空气取代它，如此反复，以达到降温的效果。

扇扇子加速了空气的流动，不仅扇扇子的人会感觉凉爽，整个屋子里的人也都会感觉变凉爽了。

冬天有风时为什么会感觉更冷？

　　冬天，在相同的气温下，与没有风的天气相比，有风的天气更让人感觉寒冷难耐。这是大家都知道的，可是其中的原因就不见得每个人都知道了。其实也只有生物才能感觉到在有风的时候更冷。因为当我们将温度计放在风中时，它的水银柱是一点儿也不会下降的。

　　那为什么人在有风的天气里会感到更冷呢？这首先是因为在有风的天气里，从脸部（一般说来就是从全身）散失掉的热量要比在没有风的时候多得多。在没有风的时候，人们的身体被暖空气包裹，而且这些暖空气被冷空气所替代需要的时间很长。而有风时，风力越强，我们周围的暖空气被替代得也越快，每一分钟里同皮肤接触的冷空气也越多。这样，冷空气从我们身体上带走的热量越多，我们就感觉越冷。

　　除此之外，还有另外一种原因。人体是在不断地通过皮肤蒸发水分的，即使是在寒冷的天气里也是这样。人体水分蒸发是需要热量的，而这些热量来自我们的身体和贴在我们身体上的那层空气。在没有风的时候，空气几乎是静止的，人体水分的蒸发进行得很慢，因为贴在皮肤上的那层空气中的水蒸气很快就饱和了（在水蒸气饱和了的空气里，蒸发是不能进行的）。有风时空气是流动的，贴在皮肤上的空气始终在更换，空气中的水蒸气始终处于不饱和状态，这样蒸发就常常进行得很顺利，大量的热量随着蒸发从我们的身体中散失。

　　风使我们感觉更加寒冷，那么风的冷却作用有多大呢？这还需要根据风的速度和空气的温度来具体分析，正常情况下，它比人们所想的要大得多。这里可以举例来说明这一点。假定在没有风的情况下，空气的温度是4℃，这时候我们皮肤的温度是31℃。如果现在吹来了一阵刚好能吹动旗子的微风（速度是2米/秒），那么我们皮肤的温度就要下降7℃。在能使旗子飘扬的风（速度是6米/秒）里，皮肤的温度要下降22℃，结果就只剩9℃了。

　　由此可见，要判断人们切身感受到的冷暖，单纯地看温度是不够的，因为风的速度对人们的感受也至关重要。比如，单纯看温度，圣彼得堡和莫斯科的寒冷程度是一样的，但是一般说来圣彼得堡人会比莫斯科人觉得更冷一些，因为地处波罗的海沿岸的圣彼得堡的平均风速是 5～6 米／秒，而在莫斯科的风速只有 4.5 米／秒。在外贝加尔区的平均风速只有 1.3 米／秒，所以那里的人会觉得不像前两处那么寒冷。以寒冷出名的是东西伯利亚，可欧洲那些吹惯了大风的人反而觉得它并没有想象中那样难受。原来，东西伯利亚虽然气温低，可它几乎是没有风的，尤其是在冬季。

沙漠里的热风为什么不能让人感到凉爽？

看了前面这些内容，有些朋友也许会说："这样说来，在炎热的日子里，风一来自然就凉快了。"真的是这样吗？沙漠里的热风能带来凉爽吗？为什么一些旅行家提到沙漠里的风时，就会称之为"沙漠的热风"呢？

风本来是带走热量带来凉爽的，可为什么又会出现"热风"之说呢？这是矛盾的吗？当然不矛盾。沙漠里的气温是很高的，这里的空气往往比人体更热。在沙漠里，人会觉得有风的时候更热，而不是更凉快。因为这时风所产生的效果并不是加速空气流动、带走人体内的热量，而是把高温空气里的热传给人。所以，这里的风越大，同人体接触的热空气越多，人就感到越热。当然，在这里人体水分蒸发也是在进行的，而且还会因起风而加强，可是蒸发带走的热量根本比不上热风带给人体的热量。为此，一些沙漠里的居民会想方设法减少与风带来的空气接触，例如土库曼人，要穿长袍和戴皮帽。

薄薄的面纱为何也能保温？

面纱能不能保温，这是日常生活中一个常见的物理学问题。对于这个问题，男士和女士往往会给出完全不同的答案。戴面纱的女士们都肯定地说面纱有保温作用，因为不戴面纱时会觉得凉。可是在男士看来，面纱的材质那么薄，且上面还有相当大的孔，是不可能起到保温作用的，所谓的保温作用不过是心理作用在作怪。

如果你回顾一下上面两节的内容，应该就不会觉得面纱保温是心理作用了。

虽然面纱比较薄且上面还有孔，可空气要透过面纱总还是有一个过程的。再就是紧贴在脸上的那一层空气变热以后，本来就有"面罩"的作用，而现在面纱对这一层空气又起到了一定的保护作用，使其避免了很快被风吹散。这样来看，我们就能理解戴面纱的女士们说的话：在略微有点冷和吹着微风的时候散步，戴着面纱要比不戴面纱暖和些。

冷水瓶是怎样使水冷却的？

即使你没见过冷水瓶，也可能听人说起过或者在书报里读到过它。它是一种用没有烧制的黏土制作的容器，有一种有趣的性能：用它储存的水会比周围的物体温度低一些。俄罗斯南边一些国家和地区的人经常会使用这种容器，且不同的地方对它的称呼也各不相同，比如在西班牙叫"阿里卡拉查"，在埃及叫"戈乌拉"，等等。

这种水瓶的冷却原理很简单：容器里的水会透过黏土壁慢慢地渗透到容器外，随后蒸发掉，在蒸发的时候，它会带走容器和内部所盛的水的一部分热量。

因为蒸发的降温作用是有限的，所以这种容器里的水也不会变得很凉，就像某些南国游记里所描写的那样。同时，这种冷水瓶的冷却作用还受其他因素影响。比如气温越高，渗到容器外的水就蒸发得越快，进而容器里面的水也会变得越凉。它还与周围空气的湿度有关：当周围空气里的水分趋于饱和时，蒸发的水分就会减少，容器的冷却作用也就会越来越不明显；而在相反的情况下，在干燥的空气里，蒸发进行得很快，这时容器里的水也就会更凉。风能够加速空气流动，有助于蒸发，帮助冷却。这就像在炎热而且有风的日子里，往身上洒些水，把衣服打湿，人就会觉得很凉快。值得注意的是，冷水瓶里的水的温度不会无限下降，它下降的温度不会超过 5℃。在南方炎热的日子里，假如温度计显示的是 33℃，那么冷水瓶里的水温往往是 28℃（与温水浴池里的水温相当）。这样看来，这种容器的冷却作用并不是特别大。但是它能很好地保持冷水的温度，它的主要用途也就在这一方面。

我们可以计算一下冷水瓶里的水可以冷到什么程度。

假设我们的冷水瓶可以盛 5 升水，并且假定瓶里的水有 0.1 升已经蒸发掉了。在 33℃ 的热天，蒸发 1 升（1 千克）水大约需要 580 千卡[①]的热量，那么可知蒸发 0.1 升的水，会消耗 58 千卡的热量。假如这 58 千卡的热量全是由瓶里的水供给的，瓶里的水的温度就会降低 $\frac{58}{5}$℃，也就是大约 12℃。但事实上，蒸发用的热量大部分是从瓶壁和瓶壁四周的空气里取得的。此外，瓶里的水一边在冷却，一边又在从瓶外的热空气里吸收热量而变热。因此，瓶里的水温降低的数值只能达到上面求得的数值的一半。

这样看来，我们很难说冷水瓶在什么地方的冷却性能会更好：是在日光下，还是在阴影里？在日光下，蒸发是加快了，可同时进入瓶里的热量也增多了，我们很难去计算谁多谁少。所以，最好的方法大概是把冷水瓶放在略微有些风的阴凉处。

不用冰也能制造"冰箱"？

根据蒸发能制冷这个原理，我们就可以制造出不用冰的"冰箱"，用来冷藏食物。用木头（最好用白铁皮）做一个箱子，然后在箱子里面装上架子，以便摆放需要冷藏的食物。做好这个简易的"冰箱"后，在箱子的顶部放一个方形的容器，再将清洁的冷水注入容器内；将一块足够长的粗布的一端浸在容器里，然后用布的中间部分覆盖"冰箱"的后壁，并让布的另一端垂进"冰箱"下面的另一个容器里。粗布的上端浸泡在"冰箱"上方的容器内，水就会像油灯里的油通过灯芯一样，不断地顺着粗布向下渗透。在这个渗透过程中，水会慢慢蒸发，带走"冰箱"的部分热量，从而使其变冷。

---

① 1 千卡 ≈ 4185.85 焦耳，是将 1 千克水的温度升高 1℃ 所需的热量。

毫无疑问,这种"冰箱"应该放在室内凉爽通风的地方,并且要每天及时更换冷水,以此保证它的冷藏效果。既然是保存食物,那么盛水的容器和吸水的粗布一定要十分卫生、干净。

人体能忍受的极限温度是多高?

事与物往往都是有极限的,那么人类能忍耐的极限温度是多高呢?其实,人类耐高温的能力比普遍所想象的要强得多。我们住在温带的人通常觉得气温超过人的正常体温一些就无法忍受了,可生活在低纬度地区的各国人民所忍受的温度,要比我们觉得难以忍受的温度高得多。夏天,澳大利亚中部的气温即使在没有太阳的地方也常常高到46℃,最高甚至到过55℃。从红海驶入波斯湾这段航道的轮船,哪怕船舱里不断地通着风,船舱内的温度仍然高到50℃以上。

在自然界里,陆地上见到的最高温度,还没有超过57℃的。在北美洲加利福尼亚一个名叫"死谷"的地方,曾经测到过这样高的温度。

大家要注意一个事情,那就是这里所说的温度都是在阴处测量出来的。为什么气象学家喜欢在阴处而不是在阳光里测量温度呢?对此我简单地解释一下。因为只有在阴处,温度计测出来的才是空气的温度。如果我们把温度计放在阳光下,温度计本身会吸收热量,从而比周围空气热得多,这样温度计上所显示的就不再是周围空气的温度了。这就是气象学家喜欢在阴处测温度的原因,如果不这样做,测出的温度是一点意义也没有的。

说到这里,可能有人会问:人体能忍耐的极限温度到底是多高呢?通过实验测试,在干燥的空气里,极其缓慢地升高人体周围的温度,人能忍受住100℃,也就是沸水的温度,有的甚至能忍受住更高的温度,比如说160℃。像英国物理学家布拉格顿和钦特里,为了做实验,曾经待在面包房烧热的炉子里几个小时。

那么,人是凭借什么来抵挡这样高的温度呢?实际上,我们人体是不接受这样的高温的,要保证正常人体机能就必须保持接近正常体温的温度。高温时，人体通过大量出汗来抵抗高温。汗水在蒸发时会带走紧贴皮肤的那一层空气里的部分热量，这样就会降低这层空气的温度。人体能够忍受高温还有一个先决条件，那就是：人体所接触的是干燥空气，而不是直接接触热源。

在中亚和圣彼得堡居住过的人不难发现一点，中亚的温度虽然有时高达37℃，可人们并没有觉得多么炎热难耐。而圣彼得堡24℃的气温却让人觉得难以忍受，这是为什么呢？原因就是圣彼得堡的湿度高，而中亚极其干燥。

是温度计还是气压计？

有一个关于不愿洗澡的人的笑话，其中最可笑的地方就在于其不愿意洗澡的原因：

"我把气压计插在浴盆里，气压计告诉我有雷雨……这时候洗澡无疑是很危险的！"

用气压计测量水温，对于将温度计和气压计视作两种完全不一样的仪器的你来说，确实是一件蛮可笑的事。但实际上，它们的界限并没有那么清晰。因为有些温度计，准确来说应叫验温器，它们也可以被称为气压计；同时，也有一些气压计可以叫作温度计。希腊人希罗想出的那种验温器（见图73）就是很好的例子。把装置放在阳光下，或者说是高温下，当球被晒热以后，它上部的空气会膨胀，膨胀的空气就会对水施加压力，使之流进另一端的漏斗里，再从漏斗流到下面的箱子里。在气温低的时候，球里的空气压力会减小，于是下面箱子里的水就在外面空气的压力下沿着直管升到球里。

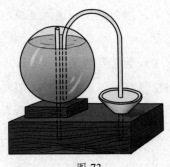

图 73

在气压变化时，仪器里的水位也会发生变化。当外面的气压比球里的气压低时，球内的空气就会膨胀，这时一部分水就会因被挤压而顺着管子流进漏斗里；当外面的气压高于球内的气压时，箱子里的一部分水就会被外面比较高的气压压到球里来。

温度的升降使球内的空气体积（即空气压力）发生变化，温度每升降 1℃，球内空气体积所发生的变化，相当于气压计上的汞柱 $\frac{760}{273}$ 毫米（约 2.8 毫米）的升降。在莫斯科，气压的变动可以达到 20 毫米汞柱，而 20 毫米汞柱相当于希罗验温器上的 8℃，也就是说，气压降低 20 毫米汞柱很容易被误认为温度升高了 8℃！

这样就不难看出，古老的验温器也可以说是一种气压计。曾有一个时期，市面上有一种盛水的气压计出售，其实它差不多也是温度计。当然，对于这种情况，在当时可能连发明它的人也不会想到，就更不用说购买它的人了。

煤油灯上的玻璃罩有什么用？

很多人都见过煤油灯上的玻璃罩，却很少有人注意过这个玻璃罩的形状演变历程。其实，它的形状变化，经历了一个漫长的过程。

灯罩究竟有什么用呢？

这似乎是一个极其简单而又平常的问题，但并不一定每个人都知道答案。很多人会说，灯罩的作用不就是保护火焰不被风吹灭吗？没错！可这只是灯罩的次要作用。灯罩的主要作用同炉子或工厂里的烟囱的作用一样，它能使外面的空气大量地流向火焰，增强通风。也就是说，它的主要作用是加快燃烧的过程，提高火焰的亮度。

让我们仔细研究一下这一点。点燃煤油灯之后，其火焰使灯罩里面那个空气柱的温度快速升高。空气热了以后就变轻，然后上升。随着热空气的上升，在灯孔处就不断有温度较低的比较重的空气流入。这样就形成了一个循环：热空气不断上升、流走，底部空气不断从下向上流入。这种循环不仅带走燃烧生成的废弃物，并且不断带来新鲜空气。灯罩越高，热空气柱和冷空气柱在质量上的差额就越大，于是新鲜空气就会更有力地流入灯罩，使燃烧进行得更快。这里所发生的一切同工厂的高烟囱里所发生的完全是一回事，所以这些烟囱也要做得很高。

有趣的是，达·芬奇（1452—1519）对这种现象做过研究，他的笔记里有这样一句话："有火的地方，在它的周围就会形成气流；这种气流能够帮助燃烧，加强燃烧。"

火焰为什么不会自己熄灭？

大家都见过燃烧的火焰，在观察燃烧现象的过程中，你有没有想过这样一个问题：为什么在燃料烧尽之前火焰不会自己熄灭？我们知道，二氧化碳和水蒸气是燃烧的产物，而且二者都不是可燃物质。这样来看，在燃烧开始后，火焰就会被二氧化碳和水蒸气等不能助燃的物质包围住，这应该阻碍了它同空气接触。原则上讲，没有空气中的氧，火焰应该会很快自己熄灭。

可为什么事情的发展不是这样的呢？为什么在燃料没有烧完的时候，火焰不会自己熄灭而是会持续燃烧下去呢？

我们知道，燃烧会使气体变热膨胀，进而变得更轻。变轻的气体会快速上升。正是因为这一点，燃烧生成的二氧化碳和水蒸气不能停留在其形成的地方，或者说停留在火焰的周围，而是很快被新鲜的空气排挤到上面去。假如阿基米德原理在气体上不适用（或者说，假如没有重力），那么无论什么样的火焰都不能燃烧很久，而会自己熄灭。

二氧化碳和水蒸气对于燃烧的影响是显而易见的。人们在熄灭火焰时也在运用这个原理，只是我们自己都没有注意到。可以回忆一下我们是如何熄灭煤油灯的：从灯罩上面向下吹气，这正是在把燃烧生成的不能助燃的产物赶向下面，赶到火焰上去，同时不让新鲜空气注入，使火焰因为得不到充足的新鲜空气而熄灭。

在失重的厨房里怎样做早餐？

在《炮弹奔月记》里，儒勒·凡尔纳详细描写了三位勇敢的人是怎样度过待在奔赴月球的炮弹车厢里的这段时间的。但是，对于米歇尔·阿尔当是如何在那种特殊的环境里完成他的炊事员任务的，作者并没有多加介绍。也许对这位小说家来说，烹调工作真的没有什么可以描述的，哪怕是在飞行的炮弹里的烹饪，也没有什么东西值得他去详细描写。

那么，真实情况是这样的吗？当然不是了。在飞行的炮弹里烹饪，与在正常条件下烹饪肯定是不一样的，因为在飞行的炮弹里，一切物体都失去了重力。只是儒勒·凡尔纳忽略了这一点。如果你赞同在没有重力的厨房里烹调这样一个情节也非常值得细加描写的话，那你一定会惋惜这位写出《炮弹奔月记》的天才作家竟然忽略了这一点。

正是因为如此，接下来，我将试着把小说里漏写的这一段补充一下，我会尽我所能给读者一种如同在读儒勒·凡尔纳本人所写的文字的感受。

在阅读这一段文章前，我想先提醒读者们注意，在飞行的炮弹里——正如前面所说——是没有重力的，里面所有的物件也都是没有重量的。

"朋友们，我们是不是应该吃点早点呢？"米歇尔·阿尔当对星际旅行途中的同伴们说，"虽然在炮弹车厢里我们变得没有重量，可这不应该使我们连食欲也没有了吧。朋友们，既然没有了重力，那我即将给大家做一顿没有重量的早餐。这份早餐一定会是世界上所有早餐中最轻的。"

这位法国人自顾自地说完，也不等同伴们回应就动手工作起来。"我们的水瓶如此轻，就像里边什么也没有一样。"阿尔当将大水瓶的塞子拔掉后，一边摆弄水瓶一边自言自语地抱怨着，"你骗不了我的，我知道你为什么这样轻……拔掉你的塞子，好了，现在让你里面那没有重量的东西流到锅里去吧！"

虽然他将水瓶倾斜过来，可无论他怎么倒，都没有水流到锅里。"别费事了，亲爱的阿尔当，"尼柯尔站出来给他支招，"你都知道了它为什么那么轻，就应该知道在我们这个没有重力的炮弹车厢里，水是不可能自己流出来的。你得像抖浓糖浆一样把它从瓶子里抖出来。"

阿尔当略微迟疑了一下，便掉转瓶子，将瓶口朝下，并用手掌在瓶底拍了一下。奇怪的事情发生了，出现的不是水流而是一个像拳头一样大的水球。

"天啊！我们的水怎么变成这样了？"阿尔当惊奇地说，"这简直是太出乎意料了！有学问的朋友们，谁给我解释一下，这到底是怎么一回事？"

"亲爱的阿尔当，我们的水没有变，这就是水滴，没有什么不可思议的。在没有重力的情况下，水滴变得多大都是有可能的……你要记住，液体只有在重力的影响下，才会同容器的形状一样，才会成股地往外流。因为这里没有重力，所以液体就只受它自身的分子力支配，形成球的形状，像普拉图的著名实验里的油一样。"

"我不知道什么普拉图和他的实验！我的职务是烧开水做汤。我敢发誓，什么分子力也不能阻止我！"这位法国人急躁地说。

他费了很大的力气才将水倒在那个在空中飞着的锅上面。可这并不顺利，一切都好像事前商量过一样，一起和他作对。一些很大的水球入锅以后，很快就沿着锅面滚动起来。而且这些水球还从锅的内壁滚到了外壁，然后顺着锅壁散开。就这样，这口锅很快就好像罩上了一层厚厚的水罩。水都跑到了锅的外壁，想烧开水看来是不可能了。

"这是一个非常有趣的实验，它证明了内聚力是多么强大。"沉着的尼柯尔镇静地对怒气冲冲的阿尔当说，"你不要激动，要知道这只是液体润湿固体的普遍现象，不过在这里没有重力来阻止这种现象全力发展罢了。"

"没有重力来阻止，它就能这样吗？那真是该死！"阿尔当反驳说，"不管它是不是液体润湿固体的现象，烧开水总是要水待在锅里的，绝不能在锅外煮。水在锅外面，这真是新鲜事儿！恐怕没有一个厨师能在这样的条件下做出汤来！"

"可以用一个简单的方法来解决这种润湿现象。"巴尔比根站起来安慰他说，"在物体表面涂一层薄薄的油，水就不能润湿它。你想让水在锅里不流出来，那就先在锅的外面涂上一层油。"

"好极了！这才是真正的学问。"阿尔当一面照着做，一面高兴地说。

然后他就开始在煤气炉上烧水。

刚解决了水进锅的问题，煤气炉也跟他对着干起来：点燃煤气之后，火焰暗淡无力地燃烧着，且不到半分钟就熄灭了。

阿尔当再次点燃煤气炉，他就在煤气炉旁，耐心地照看着火焰，可是不知为什么，火焰还是很快就自己熄灭了。

"巴尔比根！尼柯尔！难道就没有办法叫这固执的火焰按照你们的物理学原理和煤气公司的章程燃烧起来吗？"这位垂头丧气的法国人再次向朋友们求救。

"可是这里也没有什么不合理的事情，"尼柯尔解释道，"这火焰正是按照物理学的原理燃烧的。至于煤气公司……我想，假如没有重力的话，它们早已破产了。你知道，在燃烧的时候会产生一些不能燃烧的物质：二氧化碳和水蒸气。正常情况下，这些燃烧的产物不会在火焰的周围逗留很长时间，因为它们的温度比较高，导致它们都比较轻，所以会被四面流来的新鲜空气挤到上面去。可是这里没有重力，所以燃烧的产物就逗留在它们生成的地方，这样不能燃烧的二氧化碳和水蒸气就都聚集在火焰的周围，就像形成了一个隔离罩，阻止新鲜空气同火焰接触。这也就是火焰在这里会燃烧得这样暗淡并很快熄灭的原因。我们常见的灭火器不就是这样工作的吗？用不能燃烧的气体来包围火焰。"

"照你这样说，"阿尔当插嘴说，"如果地球上没有了重力，那么消防队就不会存在了。即使失了火也会很快就自己熄灭，是不是？"

"说得对，理论上的确是这样。不过现在我们先解决生火的问题。我们先把煤气点燃，然后向火焰里吹气或扇风。我觉得能够用人工吹风法来使火焰像在地球上一样燃烧。"

几个人行动起来：阿尔当点着了火后开始动手做饭，而尼柯尔和巴尔比根两人则轮流地吹风和扇风，让新鲜空气不断地流到火焰里去。这位法国大厨不时有些幸灾乐祸地看那二位一眼，并在内心里认为这许多麻烦全是他的两位朋友和他们的科学招来的。

"你们这样吹风有些像在做工厂里的烟囱的工作，"阿尔当带点讥诮的口吻说，"我非常可怜你们，我的科学家朋友，可是如果我们想吃一顿热的早餐，那就一定得服从你们的物理学的命令。"

可是一刻钟，半小时，一小时过去了，锅里的水竟没有开的意思。

"你得有些耐心，亲爱的阿尔当。普通的有重量的水开得很快，你懂得是什么缘故吗？那是因为锅里的水在发生对流：底下的一层水变热后就变轻，被冷水挤向上面，结果全部的水很快就被烧热。你有没有做过从上面而不是从下面来烧水的事？这时候各层水就不会发生对流，因为上层烧热了的水只能留在原处。水的传热作用是很小的，可能上层的水已经达到沸点，而下层的水里还有没有融化的冰块。在我们这个没有重力的世界里，无论在哪一面烧水都一样，锅里的水不会发生对流，所以水应该热得非常慢。如果希望水热得快，你就应该不停地搅拌水。"

尼柯尔又告诉阿尔当，不要把水烧到100℃，而要烧到稍微低一些的温度。在100℃的时候会产生许多水蒸气，而水蒸气在这里同水的重量相同（都等于零），会混合在一起，形成均匀的泡沫。

在准备豌豆的时候又出现了意外。在阿尔当解开麻袋准备用手轻轻地将豌豆拿出来的时候，豌豆却像精灵一样向四周散开，在车厢里无规律地飘来飘去，碰到墙壁又弹了回来。这些飘着的豌豆差一点闯了一个大祸：尼柯尔在无意中吸进了一颗豆子，使他不停地咳嗽，几乎窒息。为了避免发生这种危险，我们的几位朋友都热心地用网捕捉飞豆。这网是阿尔当预先带在身边，准备到月球上去"采集月球上的蝴蝶标本"的。

在没有重力的环境下做饭真不容易。阿尔当异常坚定地说，即使最有本领的厨师到这里来，也不会有办法。这句话真不假，在煎牛排的时候，众人也忙乱了一大阵：得始终用叉子把牛肉叉住，不然的话，在牛排下面出现的油蒸汽的压力会把牛排推出去，使没有熟的肉往"上面"——姑且使用这两个字，因为在这里是没有"上面"和"下面"的——飞。

在这个没有重力的世界里做饭是件困难的事，其实在这里吃饭也是一件非常困难的事情。所有的人都是姿态各异地悬浮于空中，不得不注意避免彼此撞头的事情发生。坐下来在这里几乎是不可能的。像椅子、沙发、板凳之类的东西，在没有重力的世界里是完全没有用处的。其实桌子在这里也完全用不上，要不是阿尔当坚持要在"桌旁"吃饭的话。

历尽千辛万苦，终于煮熟了肉汤，可是要喝肉汤也不是一件简单的事情。例如把没有重量的肉汤分别倒在几个盘子里就很麻烦。阿尔当为了这件事几乎空忙了一个早晨，他忘记了肉汤是没有重量的，怀着烦恼的心情把锅底翻过来，以便把"固执"的肉汤赶出锅外。结果，锅里却飞出了一个很大的球形水滴——丸子样的肉汤。这真需要阿尔当显出魔术家的手段，才能十分困难地把这肉汤丸子捉回来，放进锅里。

试着用羹匙来舀汤，也没有得到想要的结果：肉汤把整个羹匙一直到手指全都打湿了，并且密实地盖在上面。于是他们把油涂在羹匙上，以防止这种润湿现象发生。可是情况并没有好转：肉汤在羹匙里变成了小球，并且无论怎样也不能把这没有重量的"丸子"顺利地送进嘴里。

最后还是尼柯尔用蜡纸解决了这个问题：把蜡纸卷成纸管，然后大家把喝肉汤变成了吸肉汤。我们的这几位朋友在后来的旅途中，不管是遇到水、酒或其他什么液体，只要想放进嘴里，就不得不用这个方法。①

水为什么能灭火？

在很多人看来，这个问题实在太过简单，但很多人却又很容易把它答错。所以，在此我特意针对这个问题做一些简单的阐述，来解释一下水在灭火的过程中究竟起了哪些作用，希望读者不要怪我多此一举。

第一，水在接触到炽热的物体后会迅速变成水蒸气，在这个过程中，它从炽热的物体中带走大量的热。比如从沸水转变成水蒸气所需要的热，相当于将同样多的冷水加热到100℃所需要的热的5倍多。

第二，水变成水蒸气之后，它的体积会变大好几百倍。这么多的水蒸气快速地包围住燃烧的物体，使燃烧的物体不能顺利地和氧气接触，而没有了氧气，燃烧也就不能进行了。

---

① 在本书出版前，许多读者曾写信给我，他们对在没有重力的情况下能够喝水这一点表示怀疑。他们甚至认为就是用我说的方法也不能喝到水。他们认为飞行的炮弹里的空气是没有重量的，因而也不会产生压力。在没有压力的情况下，要用吸的方法喝水是不可能的。奇怪的是，这种意见还被一些评论家刊载在报章上。但是，十分明显，没有重量的空气在这种条件下并不一定就没有压力，空气在密封的空间里有压力，完全不是因为它有重量，而是因为它是气态物质，它想无限制地膨胀。在地球表面无边无际的空间里，重力担任着阻止气体膨胀的"墙壁"角色。这种对重力和压力的相互关系的惯有认识把批评我的人引入了迷途。

在用水灭火时，为了加快灭火速度，有时候还会加一些火药在水里！这看起来太奇怪了，可这里边是有道理的：火药在快速燃烧的同时产生大量不能燃烧的气体，这些气体也会把燃烧着的物体包围起来，起到隔离氧气的作用，以此阻断燃烧的进行。

怎样用火灭火？

用水灭火，大家并不陌生，这是最常见的灭火方式。但是当森林或草原上发生火灾时，这种常规的灭火方式就不好用了，这时最好的，有时也是唯一的灭火方式是迎着大火的来向放火。新的火焰朝着猖獗的火海前进，消灭掉容易燃烧的物质，使大火失去燃料。当两堵火墙相遇，两者都会很快熄灭，好像彼此吞食掉了一样。

这样的案例是有的，比如有一次在美洲草原发生大火时，人们就是使用这种方法扑灭大火的。这件事在库帕所写的长篇小说《草原》里有详细的描述。其中有一段讲述了一位老猎人就是利用这种方法，把一些困在草原大火里的旅客拯救了出来。下面就是从小说《草原》里摘录下来的几段：

> "是时候开始行动了。"说着，老人就断然开始采取措施。
>
> "你现在想行动已经太迟了，可怜的老头子！"米德里顿叫道，"大火离我们只有$\frac{1}{4}$英里，而风正以可怕的速度吹向我们这里！"
>
> "真的没办法了？不，我并不觉得真的没办法了。好了，孩子们，都别像站着了！赶紧把这里的干草全部割掉，我们要尽快清理出一块地面。"
>
> 人们很快就清理出了一块直径约20英尺的干净地面。老猎人吩咐女士们把她们那些容易着火的衣服用被褥盖起来，然后领着她们走到这块不大的干净空地一边。做好这些预防措施后，老人就走到这块空地的另一边，那边的大火已经形成一面危险的高墙，把他们包围了起来。老人拿起一束干草放在枪架上点着，扔到高树丛里后，就走回圈子中央，耐心地等待着自己行动的结果。

他放的这一把火迅速地扑向新的燃料，火势很快变大，整片草地迅速燃烧起来了。

"现在你们可以观看大火怎样跟大火作战了。"老人说。

"这不是更危险了吗？"吃惊的米德里顿大声叫道，"你这样做恐怕不但灭不了火，反而把它引到我们身边来了。"

老人放的这把火越烧越大，同时朝着三个方向蔓延开来，但是在第四个方向，因为缺少燃料火很快就熄灭了。随着火势的蔓延，他们刚刚清理出来的那小片空地也扩大开去，变得越来越大。眼前出现的这一大片冒着黑烟的空地，比用镰刀割的草地可要干净得多。几分钟以后，各方面的火焰都后退了，只有黑烟还包围着人们，但这时已经没有危险了，大火早已疯狂地向前面奔去了。

就如同斐迪南王的廷臣们看见哥伦布竖鸡蛋一样，旁边的人同样带着惊异的表情看着这个老猎人，看着他用这样简易的方法消除了大火的危险。

事实上，这种跟草原和森林大火作斗争的方法，并不像看到的或者说想象的那样简单。只有极有经验的人才能利用迎火燃烧的方法来扑灭火，否则只会引起更大的灾祸。

我们想想这样一个问题，就会明白为什么做这件事需要有丰富的经验：为什么这个老猎人所放的火会逆着风迎着火烧去（见图74），而不是顺着风的方向烧呢？要知道风是从大火那一面吹来，把火带到旅客身旁来的。这位老人所放的火似乎不应当迎着火海烧去，而应当往后退。假如当时真是那样，旅客们就不可避免地会葬身火海了。

那么这个老猎人的做法到底有没有什么秘密呢？

图 74

秘密就在普通的物理知识里。风虽然是从燃烧着的草原那一面向旅客们吹来的，可是在火前面离火很近的地方，应该有相反的气流朝着火焰吹。其原因是火海上面的空气变热以后就会变轻，并被来自草原上其他方向的冷空气挤到上面。由此可知，在火的边界附近一定会有迎着火焰流去的气流。必须在火焰足够接近，能觉察出已经有空气在向大火流去的时候才动手迎着火放火。所以，这位老猎人不急于动手的原因是他在沉着地等待适宜的时机。如果他过早地——在这种气流还没有出现的时候——把草点燃，那么火就会朝相反的方向蔓延开来，使人们的处境格外危险。所以点火的时机一定要掌握得恰到好处：太早会加大火势，太晚则火逼得太近，也可能会把人烧死。

用沸水能否把水烧开？

在一个普通小玻璃瓶或药瓶里灌些水，然后用一个小铁环将它固定住，使它悬浮于锅内的清水里。给锅加热，当锅里的水沸腾的时候，瓶里的水会不会也跟着沸腾呢？结果是，无论锅里的水怎么沸腾，瓶里的水只会变热，绝对不会沸腾。如此看来，沸水好像没有足够的热量去把瓶里的水烧沸。

这个结果好像是出人意料的，其实这也在意料之中。100℃只是水沸腾的临界点，如果要使水真正沸腾，还必须再给它更多的热量，使它从液态变成气态。

水在沸腾后，在普通条件下无论再怎样对它加热，它的温度也不会再上升。这就是说，我们用来对瓶里的水加热的那个热源的温度只有100℃，那它能使瓶里的水达到的温度也就只有100℃。这种温度的平衡一旦到来，就不会再有更多的热量从锅里传到瓶里。

用沸水对瓶中的水加热时，瓶中的水要想沸腾就必须得到额外的热量，使瓶中的水转变成水蒸气。可沸水提供不了额外的热量（每一克100℃的水还需要500卡以上的热才能转变成水蒸气）。这就是无论怎样对锅加热，小瓶里的水总不能沸腾的缘故。

可能有人会问这样一个问题：瓶里的水和锅里的水有什么分别呢？要知道瓶里同样是水，只不过同锅里的水隔着一层玻璃罢了，为什么瓶里的水就不能同锅里的水一样沸腾呢？

正是这层玻璃阻碍了瓶里的水，使它不能同锅里的水形成对流。锅里的水的每一个分子都能直接跟灼热的锅底接触，而瓶里的水就只能同沸水接触。所以，用沸腾的纯水来烧沸瓶里的水是不可能的。可是如果向锅里撒一把盐，情况就不同了。盐水的沸点不是100℃，而是要略微高一些，因此，也就可以把瓶里的水烧沸了。

能不能用雪把水烧开？

用雪来烧开水？肯定有读者会这样回答："如果用沸水都不能将其他的水烧开，又怎么可能用雪把水烧开呢？"大家先不要着急下结论，我们来做一个实验验证一下，用刚才用的那种小玻璃瓶来做就可以。

依然是在瓶里装半瓶水，这次用盛有盐水的锅来煮至沸腾。等瓶里的水也沸腾后，把瓶子从锅里拿出来并用塞子把瓶口塞住。塞紧之后将瓶子倒过来。等到瓶里的水不再沸腾，再将瓶子固定好，用沸水来浇——这时候会发现瓶子虽然被加热，但是里面的水却不会再沸腾起来。这时如果你在瓶底放一些雪，或者就像图 75 所画的那样用冷水来浇它，你就可以看到水又沸腾了……雪竟做到了沸水不能做到的事情！

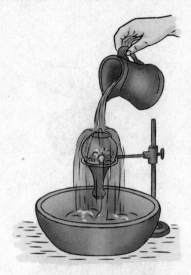

图 75

　　这时还有一件匪夷所思的事，那就是虽然水是沸腾的，可瓶子摸上去并不特别烫手，只是有些热罢了。水明明沸腾着啊！温度应该是 100℃才对啊！

　　其中的奥秘是：

　　将雪放在瓶底时，雪会使瓶壁冷却下来，随着温度的降低，瓶里的水蒸气也就凝成了水滴。此外，瓶里的水被加热至沸腾的时候，水蒸气将瓶里的空气赶了出去，且将瓶子拿出来之后就塞紧了瓶塞。这两方面的原因都使瓶里的水受到的压力要比之前小得多。我们知道，当加在液体上的压力减小的时候，它的沸点也会降低。这就是虽然我们看到瓶里的水沸腾了，可瓶子的温度并不高的原因。

　　如果瓶壁不是足够厚的话，当瓶子内的水蒸气突然凝缩时，就可能发生某种类似爆炸的情况。外面空气的压力大，而瓶里没有足够大的压力把它抵住，那么外部压力就能把瓶子压破。所以，在做这个实验时最好用圆形烧瓶（瓶底凸出的烧瓶），以便让空气压在拱形底上。

　　最安全的方法就是不用玻璃器皿，改用盛煤油或盛植物油的洋铁箱来做这个实验。在箱子里加少量的水，烧沸后，立刻把箱盖旋紧，然后取冷水浇在上面。这时候你会发现，洋铁箱会被外面空气的压力压扁，就像被重锤捶打过一样（见图76）。其中的原因就在于箱里的水蒸气受冷以后已经变成了水。

图 76

用温度计能测量出高度吗？

马克·吐温在《漫游国外记》中讲了一件在阿尔卑斯山上旅行时遇到的事，当然这种事并非真实的：

　　一切不愉快总算都过去了；在人们都能够休息一下的时候，我才有时间去将这次远征中科学方面的工作具体落实一下。首先我想知道我们所在地的高度，于是用气压计来测量了一下。结果是什么也没有测量出来，这太叫人难以接受了。哪里出了问题呢？这时我想起在科学书里看到过，说温度计，当然也许是气压计，必须煮了以后才能用于测量。可具体是温度计还是气压计我现在却记不清了，于是我决定把这两种仪器都拿来煮一下看看。

很不幸的是我依然没有得到任何结果。更不幸的是我还将这两件仪器给煮坏了：气压计上只剩下一根铜指针，而温度计盛水银的小球里，也只有一点点水银在晃动……

好在我还有一个气压计，这是一个全新的、极好的仪器。这次我把它放在厨师煮着豆羹的瓦罐里，就这样煮了半小时（见图77）。这次的结果更加让人意外：仪器仍然未能幸免，彻底坏掉了；汤倒是别有一番滋味，它有着浓烈的气压计滋味。为此，聪明的厨师还特意把菜单上的汤名换了一个新名字。结果大家都很喜欢这道新菜，因此我不得不每天叫人拿气压计去做汤。就这样，气压计全都没有发挥它应有的作用就损坏了，但是我并没有为此感到可惜。它既然不能帮助我确定高度，那么拿它做汤又有什么不可以呢？

图77

马克·吐温的笑话是真是假我们不去考究，让我们来探讨下马克·吐温记不清的问题：到底应该"煮"哪一个，是温度计还是气压计？

答案是温度计。根据之前做过的实验我们知道，水面上的压力越小，水的沸点就越低。在这个故事中，随着山的高度增加，大气压力减小了，所以水的沸点也就应当跟着降低。事实上，我们也查出了纯水在不同的大气压力下的沸点。

沸点（℃）	气压（毫米汞柱）
101	787.7
100	760
98	707
96	657.5
94	611
92	567
90	525.5
88	487
86	450

在瑞士的伯尔尼，平均气压是 713 毫米汞柱，这样我们就不难理解在那里水的沸点是 98℃；而在欧洲的勃朗峰，气压是 424 毫米汞柱，沸水的温度就只有 84.5℃。通常情况下，高度每增加 1 千米，水的沸点就要下降 3℃。根据这个变化规律，我们如果测量出了水沸腾时的温度（照马克·吐温的说法，就是把温度计"煮一下"），那么查一下相应的表，就能轻松地得知当地的海拔。所以为了方便，我们还得事先准备一张对照表。这样看来，马克·吐温先生忘记的事情可不仅仅是忘记煮哪个仪器那么简单。

具有这种用途的仪器叫作测高温度计。这种仪器携带起来和金属气压计一样方便，它的精确度却比气压计高得多。

气压计也可以用来测量一个地方的高度，而且不用煮。它能直接测出大气的压力。我们升得越高，气压就越低。这时候也要有一张表来告诉我们，空气的压力是怎样随着海拔的升高而减小的，或者得知道有关的算式。所有这一切，我们这位幽默作家好像都没有弄清楚，所以才闹出了煮"气压计汤"的笑话。

沸水一定都是热的吗?

勇敢的勤务兵宾·茹夫——凡是读过儒勒·凡尔纳的长篇小说《赫克特尔·雪尔瓦达克》的读者,一定都对他很熟悉——坚定地认为,无论什么时候,无论在什么地方,只要是沸水,那它的温度一定都是一样的。但是,一个意外——他跟他的司令官雪尔瓦达克一起被抛到了彗星上——动摇了他的这种信念。

地球很不幸被一颗行踪不定的彗星给撞了,而两位主人公所在的地方更是被撞得脱离了地球,他们也不得不跟着彗星在那椭圆形轨道上行进。在这期间,勤务兵在准备早餐时,第一次对自己固有的经验产生了怀疑——原来在有些地方,真的可能出现水虽然沸腾了但并不热的情况。

宾·茹夫往炉子上的锅里加入水,然后点火,等着水沸腾,以便把鸡蛋放进去。他觉得这些鸡蛋似乎是空的,因为它们要比原来轻很多,几乎没有重量。

才不到两分钟,水就沸腾了。

"真见鬼!现在这火是怎样烧的!"宾·茹夫高声说。

"是不是火烧得太旺了,"雪尔瓦达克想了一想答道,"所以水沸腾得更快了?"

于是,他从墙壁上取下温度计,插在沸水里。

可温度计显示的数值告诉他这沸水只有66℃。

"啊!"军官叫道,"水沸腾时不是得有100℃吗?怎么在这里才到66℃它就沸腾了!"

"是吗,长官?……"

"是的,宾·茹夫,现在你得把鸡蛋煮15分钟才行。"

"那它们不都硬了吗?"

"不会硬的,老朋友,15分钟刚够把它们煮熟。"

出现这种现象的原因,显然是大气的压力已经减小,水在66℃就沸腾了。同样的现象在高度达到11 000米的山上大概也会出现。假如这位军官身边有一个气压计，它一定会把气压降低的情况告诉他。

对于两位主人公遇到的这一现象——水在 66℃ 就沸腾了，我们大可不必去怀疑。但是，有一个问题却是我们不得不去考虑的：在那样稀薄的大气里，他们真的能生存吗？更不要说还会觉得"很好过"了。

在书中，作者也说了，类似的现象在海拔 11 000 米的高处也可以看到，这是完全正确的。因为我们通过计算就可以得出，在那个高度烧水时，水的沸点的确应当是 66℃ [①]。不过在这个高度，空气的压力应当等于 190 毫米汞柱——恰好是正常气压的四分之一。那里的空气是相当稀薄的，起码想正常呼吸是不可能的！因为平流层的高度也就是这个高度而已！我们知道，飞行员飞到这个高度，如果不戴氧气面罩，就会因为氧气不够而失去知觉。而雪尔瓦达克和他的勤务兵竟觉得"很好过"，这显然是不可能的。好在雪尔瓦达克手里没有气压计，否则小说家也许还要强迫这个仪器不按照物理学原理报告气压。

假如两位主人公不是落在这个幻想出的彗星上，而是落到了大气压力仅为 60 ～ 70 毫米汞柱的火星上，那他们的沸水还要凉一些——只有 45℃。

相反，在气压比地面高得多的深矿井的底部，可以得到十分热的沸水。在深达 300 米的矿井里，水要到 101℃ 才沸腾，在深达 600 米的深处则要到 102℃ 才沸腾。

蒸汽机的锅炉里的水也是在极高的压力下沸腾的，所以它的沸点也极高。例如在 14 个大气压下，水的沸点是 200℃。反过来，在空气泵的罩子下，水在普通的室温下就能剧烈地沸腾。也就是说，我们在 20℃ 的时候就能够得到沸水。

冰也能热得烫手吗？

前边我们说到了温度不高的沸水。有朋友感觉很奇怪，可还有一种更奇

[①] 如果像前文说的那样，每升高 1000 米，水的沸点就下降 3℃，那么，为了使水的沸点降到 66℃，我们就必须升高到 34÷3×1000 米即约 11 000 米高的地方。

怪的东西：热冰。我们的常识告诉我们，既然是冰，那么它的温度肯定是在0℃以下，否则就是水。可是物理学家布里奇曼的研究结果告诉我们有时候不是这样的：在极高的压力下，水就能够在比0℃高得多的温度里变成固体，并且保持固体状态。

布里奇曼又指出，冰不止一种，而有好几种。有一种他称之为"第五种冰"的冰，是在20 600个大气压下得到的，在76℃时还能保持固体状态。如果人们能接触到这种冰的话，很可能会被烫坏手指。

不过人们是没有机会跟它接触的，因为"第五种冰"是在最好的钢制成的厚壁容器里用极强的压力机加上极大的压力才制成的。所以人们连看都看不到它，更不用说触碰它了。人们只能用间接的方法来知道这种"热冰"的存在。

虽然我们拿不到"热冰"，但通过计算可以发现：它的密度比普通冰的密度大，甚至比水的密度大，是水的密度的1.05倍。也就是说，如果将它放在水里，它应该会下沉，而不会像普通冰那样浮在水面上。

煤如何用来制冷？

我们都知道煤是用来取暖的，但是它在经过加工之后其实还可以用来制冷。经过加工后，它的名字叫"干冰"。在"干冰"制造厂里，每天都在用煤制冷。

在工厂里，工人们把煤放在锅炉里燃烧，再将燃烧后的烟道气炼净，用碱性溶液吸收里面所含的二氧化碳气体。之后，再用加热的方法把纯净的二氧化碳气体从碱性溶液里析出来，放在70个大气压下冷却和压缩，使它变成液体。这种液态的二氧化碳就装在厚壁的罐子里，送到汽水工厂和其他需要它的工厂里。它的温度已经低到可以使土壤冻结。在建造莫斯科地铁的时候，就曾经利用它做过这个工作。有许多地方还得使用固体二氧化碳，固体二氧化碳就叫"干冰"。

干冰是让液态二氧化碳在低压下迅速蒸发而制成的。虽然叫冰，可就外形来看，它并不像冰，而更像是压紧的雪。而且它和冰在许多方面也有区别。比如干冰比普通冰密度大，在水里会下沉。此外，虽然它的温度非常低（-78℃），但是一般我们小心地拿一块在手里的话，并不会明显感觉到它的冷。这是因为当我们和它接触时，它所产生的二氧化碳气体能保护我们的皮肤不被冻伤。不过你要是紧紧握住干冰块，手指就会有冻伤的危险。

"干冰"这个名称准确地说明了这种冰的主要物理性质。干冰无论在什么时候都不会湿，也不会使其周围任何东西变得潮湿。冰受热会变成水，而干冰遇热会立刻变成气体，因为二氧化碳在正常的气压下是不会以液体状态存在的。

干冰本身温度低，再加上它在正常气压下不会液化这一特性，使它在冷藏领域成了不可替代的冷却物质。在冷藏食物的时候，用干冰做冷藏剂不仅不会受潮，而且其挥发形成的二氧化碳气体还有抑制微生物生长的能力，对食物的保鲜也起到了积极作用，使食物上不会出现霉菌和细菌。在充满二氧化碳的环境里，昆虫和啮齿类动物也不能生存。最后，二氧化碳气体还是一种可靠的灭火剂，把干冰抛到燃烧着的汽油里，就能使火熄灭。干冰在工业和日常生活中都有广泛的用途。

"饮水小鸭"是什么原理？

在中国有一种儿童玩具，它的名字叫"饮水小鸭"。这种玩具设计得非常精妙，人们见了往往都会觉得奇怪。因为只要你将这小鸭放在一杯水前面，小鸭就会俯下身去把嘴浸到杯里，像是在喝水。"喝"完一口水后，它就会站起来。过一会儿，它又会慢慢俯下身去，再"喝"一口水，然后又直立起来。是什么让小鸭重复喝水、站立的动作呢？其实这种玩具就是一个典型的"不花钱"的发动机。它的活动机构是很巧妙的，请看图78：小鸭的"身体"是一根玻璃管，管的上端是一个小球，做成鸭头的样子，连着扁嘴；管的下端连着一个较大的玻璃球，也是密封的，球里面装有液体，玻璃管下端浸没在液面下。

图 78

　　最初，小鸭自己是不会动的，要让小鸭活动，就必须把鸭头用水打湿。将鸭头打湿以后，在刚开始的一段时间小鸭还能保持直立的姿势，因为下端的玻璃球和里面的液体比鸭头重。现在看它会发生什么变化。我们看到液体开始沿着玻璃管上升（见图79）。当液面升到玻璃管上端开口的时候，上部就变得比下部重，于是小鸭就把身子俯到杯子上。当小鸭的身子俯到水平位置的时候，玻璃管下端的开口就会露出液面来，玻璃管里的液体也就流回下端的大玻璃球。于是小鸭的"尾部"又变得比头部重，使小鸭恢复直立的状态。现在我们明白了这个小鸭力学方面的原理：液体的升降改变了重力的分布情况，简单地说，就是改变了重心。可是使液体上升的，又是什么力量呢？

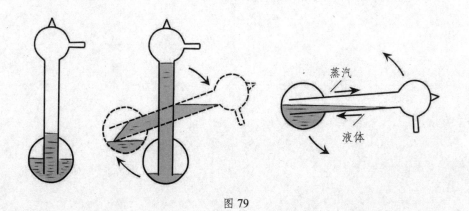

图 79

　　小鸭内部的液体是醚。醚在室温下很容易蒸发，而醚的饱和蒸气所产生的压力又会随温度的改变而剧烈改变。

　　在小鸭直立着的时候，可以看出有两个独立的醚蒸气区域：一个在头部，一个在尾部。

　　鸭子的头部有一种奇妙的性能：只要用水把它打湿，那里的温度就会变得比周围的温度稍微低一些。要做到这一点也不困难，只要用善于吸水又容易让水分蒸发的多孔材料来制作鸭头上的套子就成了。水分剧烈蒸发的时候，鸭头的温度会变得比下面玻璃管和大玻璃球里的温度低。这会使头部那个小玻璃球里的饱和蒸气冷凝，压力也就随之降低。于是下部那个大玻璃球里比较大的压力就会挤压液体，使它顺着玻璃管上升。重心移动了，小鸭就慢慢俯下身子，一直到水平的位置。在这个位置，有两个过程各自独立地进行着。第一，小鸭的嘴浸了一下水，这样就又把自己头上的套子打湿了。第二，上下两部分的饱和蒸气混合了，压力也变得一样了（由于吸收了周围空气的热量，蒸气的温度略有上升），同时玻璃管里的液体也在本身的重力作用下流入下端的大玻璃球，于是小鸭又直立了起来。

　　这个玩具会持续地自动活动，前提是它头上的套子能持续被打湿，且周围空气的湿度又不太大，能够保证正常的蒸发，也就是保证头部的温度能够相对地降低。这样看来，小鸭头部的水不断蒸发所吸取的周围空气的热量，就是使这种奇妙的小鸭活动的原动力。这种小鸭是"不花钱"的发动机的一个极其典型的例子，但它并不是什么"永动机"。

第八章 磁和电

磁铁只对铁起作用吗？

我们今天所说的"磁石"这一称呼，其实是从中国的"慈石"演变过来的。过去，中国人曾将磁石称为"慈石"，比喻慈爱的母亲吸引自己的孩子。无独有偶，居住在欧亚大陆另一端的法国人，也是用类似的名称来称呼磁石的。法文"*aimant*"也有"吸引"和"慈爱"的意思。

天然的磁石本身的磁力并不大，或者说这种"慈爱"的力量是很有限的，所以古希腊人称呼磁石为"赫丘力石"[1]是过于天真的。古希腊人对那种微弱的吸引力都这样惊奇，如果让他们看到现代冶金工厂里一次可以举起几吨重物品的磁铁，他们会怎么称呼它呢？当然，天然的磁石是不会有这么大磁力的，今天用的是电磁铁。电磁铁是利用电流通过铁心周围的线圈时会使铁心磁化的原理制成的。在这两种情况下，起作用的都是同一种性质——磁性[2]。

磁铁并不是只对铁起作用，它对其他一些物质也起作用。当磁力足够强的时候，其对一些物质的作用虽然不像对铁那样显著，可也还是起作用的。例如镍、钴、锰、铂、金、银、铝等金属都能被磁铁吸引，只是磁铁对它们的吸引力比较小而已。当然也有一些物质是具备所谓的反磁性的，例如锌、

---

① 赫丘力是希腊神话中一个大力士的名字。

② 美国洛斯阿拉莫斯国家实验室，是世界上最大的人造磁体所在地。物理学家用该实验室最大的磁体装置产生了高于 100 特斯拉的强磁场，大约相当于地球磁场强度的 200 万倍。这个装置由 7 个线圈组成，重约 8165 千克，由一个功率达 120 万千瓦的发生器驱动。——译者注

铅、硫、铋，它们能被磁力强大的磁铁所排斥！

　　磁力不仅仅作用于金属，对液体和气体也有吸引或排斥的性能，只不过这时的作用就更加微弱了；只有具有非常强大的磁力的磁铁，才能显示出对这些物质的作用。例如纯净的氧气就有顺磁性，也就是说，磁铁能够吸引它。如果我们在肥皂泡里装满氧气，然后把它放在磁力强大的电磁铁两极中间，这时候肥皂泡就会受那看不见的磁力的牵引，在两极中间伸长开来。处于磁力强大的磁铁两极中间的烛光也会改变自己的形状，明显地告诉我们它对磁力的敏感性（见图80）。

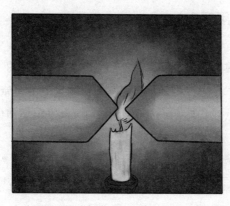

图80

如何让磁力线显示出来？

　　图81是照着相片画下来的一张有趣的图：画中一个人将手臂横放在电磁铁的两极上，一簇簇铁钉在手臂上貌似不规则地向上直立着，就像刺猬的刺一样。铁钉为什么能在手臂上直立，或者说吸附于手臂上呢？要知道，人体是没有磁力的，同时也无法感知磁力的存在。可铁钉的吸附暴露了磁力的存在，并且铁钉在磁力的作用下在手臂上按照一定的规则排列着，这样也就清晰地展示出了磁力线从一极到另一极的走向。

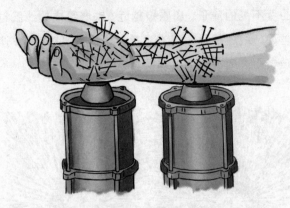

图 81

人类的身体无法感知磁力的存在[1]，我们只能通过存在于磁铁周围的物体来推测磁力的存在。虽然我们没有办法直接感受磁力，可是我们可以用间接的方法来显示磁力的分布图。首先，我们找一张光滑的厚纸或玻璃板，然后把一些铁屑均匀地撒在纸上或玻璃板上。接下来，在厚纸或玻璃板下面放一块普通磁铁，然后轻轻敲击厚纸或玻璃板，使铁屑跟着动起来。厚纸或玻璃板是没有办法阻止磁力穿透的，因此磁铁会将铁屑磁化。我们在敲击厚纸或玻璃板时，磁化了的铁屑就会像磁针一样，在磁力的作用下改变方向，沿着磁力线排列起来。当我们停止敲击时，就会发现铁屑很有规律地排列在厚纸或玻璃板上，它们排列形成的线条就反映了磁力线的分布，就像图 82 所画的那样。这些弯曲复杂的线就是磁力展示给我们的。我们可以清晰地看到铁屑如何从磁铁的每一极辐射开来，又怎样将两极连接起来，形成一些短弧和长弧。这些铁屑让我们亲眼看到了物理学家所想象的情景，就是每一块磁

---

[1] 设想一下，如果我们有了能直接感觉磁力的器官，会觉得怎么样，那一定是很有趣的。据说有人曾经成功地把一种磁性感觉"器官"移植到龙虾的身上。他发现龙虾会把极小的石头塞进自己的耳朵里，这些小石头由于自身的重量能对龙虾的部分平衡器官——感觉纤维——起作用。类似的小石头叫作"耳石"，人类的耳朵里也有，位置就在基本的听觉器官附近。它们是在竖直方向起作用的，所以能指出重力的方向。他给龙虾移植了一些铁屑来代替小石头，最初龙虾并没有表现出异样，可是当把一块磁铁拿到龙虾身边时，龙虾就使自己的身体落在一个平面上，这个平面与磁力和重力的合力方向垂直。

近年来，人们把上面说的这个实验的形式改进了一下，成功地应用在了人的身上。有人曾经把一些铁屑粘在耳鼓膜上，结果人耳就能像觉察到声音一样觉察到磁力。

铁周围存在着的看不见的情景。离磁极越近，铁屑组成的线就越密、越清楚。相反，离磁极越远，线就越稀，越不清楚。这就明白地向我们证明了，磁场强度是随着与磁极距离的加大而变弱的。

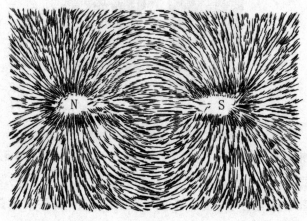

图 82

磁铁跟钢铁有什么区别？

读者常常问我怎么使钢磁化。要回答这个问题，须明白磁铁跟没有磁化的钢有什么分别。钢归根结底也是由铁原子构成的，我们可以将每一个磁化的或没有磁化的铁原子看成一个"小磁铁"。这时候我们再来看铁原子的排列就会发现区别：在没有磁化的钢里，铁原子（小磁铁）的排列是没有规律的，里面每一个小磁铁的作用都被按相反方向排列着的小磁铁的作用所抵消，如图 83（a）所示。相反，在磁铁里，所有铁原子（小磁铁）都整齐地排列着，所有同性的磁极都朝着同一方向，如图 83（b）所示。

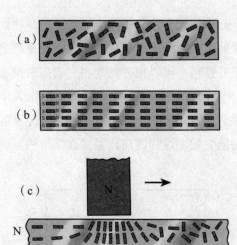

图 83

若用一块磁铁去摩擦钢条，会出现什么情况呢？钢条里的铁原子（小磁铁）会因为磁铁的吸力而转过身来，同性的磁极都朝着同一方向。图 83（c）所反映的就是这种情况：小磁铁使自己的南极指向磁铁的北极，等磁铁移动过一段距离，它们就顺着磁铁运动的方向排列起来，使所有的南极都朝着钢条的中部。

说到这里想必大家应该明白了，我们可以用磁铁来将钢条磁化，方法也很简单：将磁铁的一端与钢条的一端紧紧地压在一起，然后顺着钢条擦过去。慢慢地，钢条也就具有了磁性。这是一种最古老的磁化法，当然这样得来的磁铁的磁力是很微弱的。磁力强大的磁铁往往是利用电流制取的。

磁力都能用来做什么？

磁力在工业领域的应用

在冶金工厂里我们会看到大型的起重机，它们通过磁力吸附几吨乃至几十吨的钢铁，这些起重机就是电磁起重机。铸钢厂和这一类的工厂基本都是靠这种起重机完成举起和移动铁块的工作。这里的产品往往很重而且不便于包装，比如几十吨重的大铁块或机器零件，用电磁起重机来搬运的话，就根本不用考虑如何装箱或打包，可以很方便地将它们搬来搬去。

通过图 84 和图 85，我们可以看到电磁起重机的巨大作用。要收集和搬运一堆杂乱无章的铁片是非常麻烦的，可是图 84 中这种强大的电磁起重机却能够同时收集和搬运它们。这样既简化了工作又节约了成本。

图 84

木桶里装满铁钉后又大又重，搬运起来十分不便，可在图 85 中我们看到，电磁起重机一次竟可以搬运 6 桶！有一家冶金工厂安装了 4 台电磁起重机，其中的每一台都可以一次搬运 10 根铁轨，这些起重机可一次完成 200 个工人才能完成的任务。

电磁起重机的工作效率是毋庸置疑的，而且安全系数也有保证。比如，用不着担心这些重物的包装够不够牢固，即使是最小的碎片也不会从上面落下来。可以说，看不见的磁力比坚固的螺钉和链条都更可靠。当然这一切的前提是电力供应不会出现意外中断的情况。

如果出现意外断电，那么后果是相当严重的。这样不幸的事故不是没有发生过。记得一本技术杂志里曾讲过这样一件事："美国一家工厂进了一批铁块，就在电磁起重机将铁块举起，准备投进炉里的时候，尼亚加拉瀑布的发电站出现事故而导致电力供应中断。失去磁力吸附的巨大金属块掉下来砸在工人头上，酿成了悲剧。悲剧发生后，为了避免类似的不幸事件重演，同时也从节能的角度考虑，人们在电磁起重机上装了特别的钢爪装置。在运输重物的时候，磁铁先将重物提起，同时钢爪也会从旁边落下来，再次紧紧地固定重物，在这双重作用下，在搬运的时候即使电流出现短暂中断，也不会出现意外。"

图 85

图 84 和图 85 中的两台电磁起重机，它们的电磁铁直径都有 1.5 米，一次能提起一节货车重也就是 16 吨的重物。这种吨位的电磁起重机一昼夜可以搬运重物 600 吨以上。更大的电磁起重机一次能提起 75 吨重物，那相当于整个火车机车的重量！

电磁起重机的工作也是有一些局限的。有读者曾问过这样的问题：灼热的铁很难搬运，我们用电磁起重机来搬运岂不是很方便！理论上是可以的，可实际上磁铁如果被加热到 800℃就会失去磁性，因此电磁铁只能在一定的温度范围内运输热的铁块。

磁力在娱乐领域的应用

磁力，不仅可以应用于生产领域，在娱乐领域也有应用，如魔术师们就有很多时候会用到电磁铁，有些精彩的魔术节目也正是利用无形的磁力完成的。达里在其著作《电的应用》中，就曾经谈到一位法国魔术师演出的情况。在不知其中原理的观众看来，他那一场表演简直就像是运用了超能力。下面我们就来看看那位魔术师的表演过程：

> 魔术师将一个不大的、包着铁皮的、箱盖上装有提手的箱子放在舞台上，然后邀请观众里自认为力气大的人上台帮忙。很快，一位体格强壮的人接受邀请上了台。他显得很兴奋，面带微笑、精神饱满地站在魔术师身边。
>
> 魔术师再次打量了一下这位观众，并进一步确认道："你力气很大吗？"
>
> "是的。"这位观众信心十足地回答道。
>
> "你一直都这么强壮有力吗？"
>
> "是的，我一直很有力气。"
>
> "也许你过于自信了，一会儿我会让你感觉自己像一个孩子一样弱小。"
>
> 这位观众对魔术师的话并不认同，他轻蔑地微笑了一下，没有说什么。
>
> "来吧！到这里来提起这个箱子。"魔术师说。
>
> 这位观众弯腰提起箱子，随后将它放下，高傲地问道："这很简单，还要做什么吗？"
>
> 魔术师让他稍等片刻，随后很严肃地对他说："你现在已经像孩子一样软弱无力了，不信你再去把箱子提起来。"
>
> 这位观众显然没有将魔术师的话放在心上，弯下腰又去提箱子。奇怪的事情发生了：无论他怎么用力，刚才能轻而易举提起的箱子就是不动，好像长在了舞台上一样。他这时所用的力气足以举起远超小箱子重量的物体，可是对这个小箱子却一点作用也没有。最后他累得气喘吁吁，不得不满面羞愧地离开舞台。
>
> 他开始相信魔术师的力量了。

这场魔术的秘密其实很简单。魔术师在舞台下方安放了一个电磁铁。电磁铁在没有电流通过线圈的时候就是一块普通的铁，放在上面的箱子是不会被吸住的；但是当电磁铁的线圈通电时，它产生的磁力紧紧地吸住了箱子，这时就算是两三个人也别想挪动它。

磁力在农业生产中的应用

磁力在农业生产领域也是有很大作用的，例如可以帮助农民除去混在农作物种子里的杂草种子。大家都知道，杂草种子的表面有一层茸毛，当动物从它们旁边走过时，种子就会挂在动物的毛上，被动物带着散布到很远的地方。杂草种子的这种特性是经过漫长的演变才形成的，而人们也正是利用了它的这一特性才将它从农作物种子中分离出来。

农业技术人员将一些铁屑撒在混有杂草种子的农作物种子里，杂草种子会将铁屑粘在自己的茸毛上，这时人们就可以利用磁铁把粘有铁屑的杂草种子从农作物种子里吸出来。因为农作物种子的表面比较光滑，所以它们不会粘上铁屑，也不会被磁铁吸引。

飞行器真的能靠磁力飞行吗？

在法国作家西拉诺·德·贝尔热拉克那本有趣的著作——《另一个世界：月球上的国家和帝国谐趣史》中，讲述了很多有趣的事情，其中也提到了一种非常有趣的飞行器——这种飞行器不是靠燃油而是靠磁力来飞行的，小说的主人公甚至还乘着它飞到了月球上。我们不妨来看一看其中的一段：

　　我让人制造了一辆铁车。这辆车很轻，坐在车里还是很舒服的。坐好之后，我将一个磁铁球向上抛去，铁车受磁力的影响也跟着上升了。每当我接近磁球的时候，我就将球抓住再次向上抛。甚至只要我把球略微举高一些，铁车也会受磁力的影响跟着上升，以便和磁球接近。就这样反复把球向上抛，铁车也不断地上升，我慢慢地接近了月球并成功地降落在了月球上。因为这时候我的手紧紧地握着磁球，所以铁车也紧靠着我不会离开。在降落时为了能安全地着陆，我还是不断地抛球，让球的磁力减缓下降速度。当我离月面只有两三百俄丈①的时候，我就向与降落方向成直角的方向抛球，直到铁车十分接近月面为止。这时候我就跳出铁车，轻松地降落在月球上！

————————

①　1 俄丈约等于 2.134 米。

作品中描写的铁车或者飞行器是不可能存在的，对于这一点，相信无论是小说的作者还是读者，都会知道这只是个臆想的产物。可对于这种设想为什么不可能实现，相信有很多人是说不清楚的：是因为坐在铁车里不能向上抛球呢，还是因为磁球不能吸引铁车？

坐在车里抛球肯定是没问题的，如果磁球的磁性足够强的话，它也能够吸引铁车。可磁球的磁力是绝对不会让铁车向上运动的。

如果你曾经从小船上往岸上抛过重物的话，那么你就会有这样的体会：在你抛出重物后你所乘坐的小船会向河心退去。你在对所抛的物体施加推力，使它向一个方向前进的时候，你的身体（连同小船）会受到一个反作用力，使你向相反的方向运动。这也就是我们经常讲到的作用力和反作用力定律。坐在铁车上抛磁球肯定也受这个定律的影响。坐在车上的人用很大的力气（因为球要吸引铁车）抛磁球，那么不可避免地要把整个铁车往下推。等到后来磁球和铁车由于相互吸引而重新接近的时候，它们只是回到了原来的位置。作用力和反作用力是显而易见的，即使铁车本身一点重量也没有，用抛磁球的方法也不可能让它上升，最多也就是使它以某一个位置为中心上下摆动。

西拉诺生活在 17 世纪中叶，当时的人们还不知道作用力和反作用力定律，所以想要这位法国讽刺作家清楚地说出自己这个设想不切实际的原因，也是不切实际的。

电磁铁路是怎样运行的？

在交通运输领域有一种电磁铁路[①]，其中的电磁铁产生的吸引力抵消了车厢自身的重力。因此，从理论上讲，这些车厢不是在铁轨上行驶的，而是

---

① 类似于现在的磁悬浮列车，但具体设计有所不同。现代磁悬浮列车通过电磁力实现列车与轨道之间无接触的悬浮和导向，再利用直线电机产生的电磁力牵引列车运行。2016 年 5 月 6 日，中国首条具有完全自主知识产权的中低速磁悬浮商业运营示范线——长沙磁浮快线开通试运营。该线路也是世界上最长的中低速磁浮运营线。——译者注

在空气里滑翔。它们是在与铁轨没有任何接触的情况下悬在上面行驶的，听起来是不是很神奇？没有接触就不会有摩擦，那么也就没有因摩擦所产生的阻力，车厢进入运动状态后是依靠惯性保持着原有的巨大速度前进，而不必再用机车来牵引。

那么这种铁路具体是怎样设计的呢？其轨道是装在特制的铜管中的，且铜管里的空气要被抽掉，这样就消除了空气对车厢运动的阻力。为了消除车厢底部与管壁间的摩擦力，必须使车厢在运动时不与管壁接触。电磁铁在这时就起到了至关重要的作用，它使车厢悬浮在空中。为了保证不出意外，每隔一定距离就得在管道上设置一个极强大的电磁铁。这些电磁铁吸引着在管里运动着的铁制车厢，让它保持悬浮状态。电磁铁的吸引力要恰到好处，不能大也不能小，必须让车厢一直处于管道的中间，不接触管壁。电磁铁把在它下面奔驰着的车厢吸向上面，前提是车厢不能碰到顶部的管壁。因为车厢自身有重量，同时随着距离的加长磁力减小，车厢会向下落，所以在它刚要碰到底部管壁的时候，必须保证下一个电磁铁又把它吸上去……这样，这个始终被电磁铁"抓"着的车厢，就会沿着一条波状线在真空里奔驰，没有摩擦力，也没有推力，像宇宙空间里的行星一样。

因为有诸多限制，所以车厢也必须是特制的：车厢是一个高 90 厘米、长约 2.5 米的雪茄形状的圆筒结构。因为它是在没有空气的空间里运动，所以车厢还得密闭，里面有自动清洁空气的装置，像潜水艇一样。

那么如何让这个特制的没有机车的车厢运动起来呢？这就需要一些特殊的方法了：它的启动方式有点类似炮弹的发射。实际上，这种车厢也确实像炮弹一样是被"发射"出去的，当然它的动力来源不是火药而是电磁炮。发射车厢的车站是根据螺线管的性质建造的：螺线管在有电流通过的时候会吸引铁心（即车厢）。这个吸引过程进行得非常快，这样才能确保在一定的距离内，在足够长的线圈和足够强的电流下，车厢能够获得极高的速度。因为在管的内部没有摩擦力，所以车厢的速度不会减小；它会按照惯性原理疾驰，直到下一个车站上的螺线管命令它停止为止。

下面我们可以看一看设计者设计的一些模型。

实验是我于 1911 年至 1913 年间在托木斯克技术学院的物理实验室里

完成的。最初的通道是用直径为 32 厘米的铜管制作的，铜管上面装有许多电磁铁，电磁铁下面有支架；支架上有类似小车的一节铁管，它前后都有轮子，前面装着"鼻子"，当"鼻子"撞在一块由沙袋支住的木板上的时候，小车就会停止。小车的质量是 10 千克。它的速度可以达到大约 6 千米/时。由于屋子和环形管的限制（环形管的直径是 6.5 米），小车如果超过这个速度就不能行驶。在最终完成的设计里，出发站上的螺线管长 3 俄里（1俄里 ≈ 1.06 千米）。如果是那样的话，车的速度基本能达到 800~1 000 千米/时。

要如何防御磁力武器？

在古罗马曾流传着一个关于磁铁山的故事，据说是当时的博物学家普林尼传下来的，讲的是在印度某处的海边有这么一座山，它能将任何铁制的东西吸引过去。航海的人没有谁敢将自己的船只驶近这座山。如果谁不幸将船靠得太近，那么船上所有铁制品，如铁钉等就都会被吸走，毫无疑问，船也就会被分解成一块块木板。

看过《一千零一夜》的朋友对此应该不会陌生，因为那里面也有这个故事。

传说里有这样的山，其实现实里也有类似的山。人们也已发现了磁铁山或含有丰富的磁铁矿的山。与传说不同的是，这种山并没有那么大的吸引力，它的磁力几乎可以忽略不计。像普林尼所写的那种磁力巨大的山是不存在的。

今天，我们有时不用铁和钢来造船的部件，不是因为我们怕遇见传说中的磁山，而是因为研究地磁场的需要。

普林尼传说里的思想被科学小说家库尔特·拉斯维兹加以创造，于是有了想象中的一种可怕的武器，在他的小说《在两个星球上》里的火星人就是使用这种武器同地球上的军队作战的。那是一种强大的磁力武器（可能类似于我们的电磁铁），他们利用这种武器轻松地将地球上的军队的武器收缴了。

我们可以看看小说家所描写的火星人和地球上的军队交战时的情节：

　　一队勇敢的骑兵奋不顾身地向敌人冲去。火星人似乎被我们军队奋不顾身的战斗意志吓住了，因为他们的飞船改变了行动方向。它们不再降落而是向高空飞去，给人的感觉是他们准备撤退了。

　　可实际情况并不是这样，因为他们投下一种展得很开的黑色的东西，罩在了战场上空。升空后的飞船拉着这张大网一样的东西逐渐覆盖了整个战场的上空。我们的骑兵第一连已经完全处在它的覆盖范围里了。谁也没想到它的作用会是这个样子，简直出人意料！从战场上传来了战士们惊恐的呼喊声。战场上一片混乱，士兵的武器全都不见了，抬头望去，空中满布刀剑和马枪，原来所有的武器都飞向了天空，最终都吸附在了那个大网一样的东西上面。

　　飞船拉动着那东西向旁边飞行了一段距离，把缴获的武器都扔在地上。它又如此反复飞了两次，地面上几乎所有人的武器就这样被收缴了。没有人有力量抓住自己的刀枪不被吸走。

　　显然这是火星人发明的一种新式武器：它的作用很简单，那就是把一切钢和铁做的武器给收缴掉。火星人靠这种飞翔在空中的磁力强大的磁铁，在不与敌人正面接触的前提下夺得了武器，而自己却不受丝毫伤害。

　　火星人在收缴完骑兵的武器之后，带着磁铁继续向步兵逼近。那些步兵即使知道火星人要做什么，也无能为力，因为就算他们拼命抓住自己的武器，那不可抗拒的力量还是把它们夺走了，甚至有些步兵连人带枪被吸到了空中。仅仅几分钟里第一团全被缴了械。机器又向前飞去，主动迎向了赶来支援的一团，可怜的一团遭受到同样的打击。

　　接着，炮队也未能幸免。

看到这里，有些朋友肯定在考虑该怎么应对这种磁力武器。难道我们就不能防御磁力的作用吗？难道我们就不能制作一种能够阻断磁力的防御武器吗？

磁力是可以阻断的。像小说里的这种情况，如果人们事先知道了这种武器，是完全可以制造出防御武器的。说出这个防御武器的材质，也许大家会感到惊讶：能阻断磁力的物质就是容易磁化的铁本身！大家可以做个实验，用一块磁铁去吸一个放在铁制的环里的罗盘，你会发现罗盘的指针不会受铁环外磁铁的影响。

带有铁壳的怀表也不会受磁力的影响，铁壳会对里边的钢制机件起到保护作用。如果将一个强力蹄形磁铁放在一只金表的旁边，金表里所有的钢制机件都会被磁化，首先是摆轮上的游丝被磁化，这样表也就停止不走了。即使把磁铁拿走，这只金表也难以恢复到原来的状态，因为钢制机件都保留着磁性。为此你不得不把表拿去彻底修理一下，也就是将被磁化的机件全部换成新的。不建议大家拿金表来做这个实验：它太贵了，坏了可惜。

如果你有一只铁壳或钢壳的表，就可以大胆地去做这个实验，因为磁力是穿透不了钢和铁的（见图86）。即使是在磁场强大的发电机线圈附近，铁壳或钢壳的表也不会受影响，它不会停止工作，甚至连精确度都不会受到影响。所以，这种便宜的铁壳表对从事电气工作的人来说是最佳选择。若是戴金表或银表从事电气工作，你很快就会发现磁力会把表弄坏。

图 86

磁力或电力"永动机"是否可行？

在人类不断试图发明"永动机"的过程中，磁铁曾经也是不可忽略的角色。那些发明家曾经想方设法利用磁铁来制造不依靠外力就能永远运动的机器。下面介绍的是17世纪的英国人约翰·维尔金斯（切斯特城的主教）设计的一种磁力"永动机"。

如图 87 所示，在小柱上放有一个强力磁铁 A，两个斜的木槽 M 和 N 叠着倚靠在小柱旁边，上槽 M 的上端有一个小孔 C，下槽 N 是弯曲的。这位发明家想，如果在上槽上放一个小铁球 B，那么由于磁铁 A 的吸引力，小球会向上滚；可是滚到小孔 C 处，它就要落到下槽 N 上，一直滚到 N 槽的下端，然后顺着弯曲处 D 滚上来，跑到上槽 M 上。在这里，它又受到磁铁的吸引，重新向上滚，再从小孔里落下去，沿着 N 槽滚下去……这样，小球就会不停地前后奔走，进行"永恒的运动"。

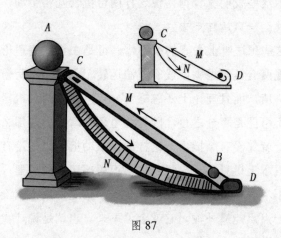

图 87

这个设计哪里有问题呢？

其实要找出不足或者说毛病也不难。在发明家看来，小球沿着 N 槽滚到它的下端后，它会有足够的速度，使它能够顺着弯曲处 D 滚到上面来。可问题是，假如小球只在重力作用下向下运动，那它是能够顺着弯曲处上升的，因为那时候它是加速向下滚的。可是这里的小球不只受到重力，它还受到磁力的作用，它是在这两种力量的作用下滚动着的，而且磁力还相当大，因为它能使小球从位置 D 上升到位置 C。所以，小球沿着 N 槽滚动的时候依然受磁铁的吸力，它是不能加速前进的，而是越来越慢；当它滚到 N 槽的下端时，无论如何都不能继续维持原来的那一种速度，自然也就没有办法绕着弯曲处 D 上升。

将发电机和发动机结合的永动机

在对"永动机"的探索过程中，曾经有一个设想非常流行，那就是将发电机和发动机结合起来。这样的设计方案我一年能看到很多。可他们的做法十分相似，无外乎将发电机和发动机用一个传送带一样的装置连接起来。他们的理论是给发电机一个动力，让它运转起来产生电流，然后电流带动发动机，发动机运转起来后源源不断地将动力传给发电机，这样发电机也就会一直有动力发电。这些发明家觉得，像这样两台机器互相带动，只要机器自身不出现问题，就会一直运转下去。

发明家的这些想法听上去真的很不错，可是在将这些理论付诸实践的时候，人们会发现两台机器根本就没有办法运转。人们在这两台机器上根本得不到什么使用价值，而且理论上还忽略了一点：就算两台机器真的能运转，它们的效率也不可能是百分之百，因为这里还有摩擦力，那么它们就不可能一直运转下去。就算没有摩擦力，这样的"永动机"也是没有意义的，因为这种联动机从根本上讲只是一台能维持自己内部运转的机器，也就是说，它产生的能量在不考虑摩擦力的时候仅仅是自给自足，根本就没有能量向外输出，只要它有一点点能量外输，它就会停下来。也就是说，我们也许能看到永恒的运动，却看不到永动机。

有时候我很好奇这些人为什么没有想到一个更简单的办法，比如说用一条皮带将两个滑轮连接起来，按照刚才的理论，这时只要转动其中一个滑轮，它就会带动第二个也运动起来，然后第二个又带动第一个；甚至只用一个滑轮就可以实现这种"永动"，转动它的左侧就会带动右侧，以后就停不下来了。这是多么荒谬的一个说法啊。不管怎么样，永动机的理论都难自圆其说，就更不用说付诸实践了。

运转千年就是"永动机"吗？

"几乎就是"对于数学家来说是没有任何实际意义的，不管过程多么精彩，归根结底是没有结果。要么是永动的，要么就是不能永动的，"几乎永动"不还是"不永动"吗？

但是在现实生活中，"几乎就是"还是有一定意义的，因为即使做不出真正的永动机，做一个几乎永动的机器还是有可能的。比如，相对人的寿命而言，一千年已经很久了，那么制作一个可以运转一千年的机器，很多人也会很满意的。

有些人也许会因为这样一个消息而高兴：有人研制出了可以运转一千年的"永动机"。只要你舍得花钱，就可以拥有这样的机器。这项发明没有明确的专利所有权，而且这个技术已经不是秘密。1903 年，斯特雷特教授设计了一台叫作"镭钟"的设备（见图 88）。

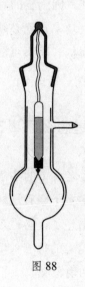

图 88

它的制作原理并不是很复杂：在一个玻璃管内放几克镭，玻璃管的下端挂着两个金属片，然后用不导电的石英线将它挂在一个真空的玻璃罐内。我们知道镭可以放射出三种射线：α、β、γ。在这里，β 射线起到了至关重要的作用，它能穿透玻璃罩。

镭向四周放射的离子都带有负电荷，于是装有镭的玻璃管逐渐带有正电荷，这些正电荷传到下方的两个金属片上，使它们分离开。

两个金属片在分开后会接触到玻璃管壁，而玻璃管壁的相应位置贴有锡纸，金属片接触锡纸后会失去自己携带的电荷而重新合并在一起，合并后马上又会有新的电荷聚集。这样周而复始，每 2 到 3 分钟就有一个循环，做类似钟表的摆动，所以人们将其称为"镭钟"。只要镭的放射不停止，它就会持续运动 1 年、10 年、100 年甚至更久，直到镭停止放射。

虽然镭钟会运动很久，可它也不是真正意义上的永动机，最多也就是一个无成本的发动机。

那这个镭钟能持续运行多久呢？根据测算，镭的放射性可持续 1600 年以上，也就是说镭钟最少能运行 1 000 年，它会随着放射性的减弱而逐渐放缓速度直到最后停止。

既然可以将镭钟看作一台无成本的发动机，那可不可以将它运用到实际生活中呢？很遗憾，目前还不能，因为它的功率非常小，不可能带动我们日常生活中的机器。要想它具有大功率，就必须有大量的镭储备，而镭又是一种稀有元素。既然是无成本发动机，就不可能使用大量的镭元素。

类似静止的"冻结"现象是怎么回事？

你可以设想自己走在一个古老城市的某条大街上，忽然下起了大暴雨。一道闪电划过，你在电光一闪中多半会有这样的视觉感受：刚才还十分活跃的街道，在这一刹那好像"冻结"了。马被定格在跑步的瞬间，腿就那样悬空着；车同样也停着不动，车轮上的每一根辐条都可以看得清清楚楚……

为什么会有这种类似静止的现象呢？

原因是闪电的持续时间非常短，我们甚至不能用常规的方法来测量。利用间接的方法可以测出，闪电持续的时间常常只有千分之一秒[①]。在这样短的时间里，人用肉眼是没有办法察觉物体的位置移动的，于是我们会感觉熙熙攘攘的街道在电光下似乎变得完全不动。这一点也没什么好奇怪的：要知道我们在电光下能够看到物体的时间不到千分之一秒啊！在这样短的时间里，即使是疾驰着的汽车，它的车轮上的每一根辐条也只能移动几万分之一

[①] 也有持续时间比较长的闪电，时间长达百分之一秒或十分之一秒；还有连续的闪电，几十道闪电在同一轨迹上，一个接一个，这样加在一起的时间更长，最长可达 1.5 秒。

毫米。这样的运动在人眼里当然跟静止没有分别。加之图像留在视网膜上的时间要比闪电持续的时间长得多，这也增强了静止的视觉感受。

闪电值多少钱？

闪电值多少钱？在古代，人们将闪电当作图腾来崇拜，是不会提出这种亵渎神灵的问题的。随着社会的进步，电能已经变成一种商品，人类发的电同其他一切商品一样，是可以量化而且是有价格的。既然人类自己创造的电能是有价格的，那么自然界的闪电值多少钱呢？有人认为这是一个毫无意义的问题。可到底要怎么计算呢？这个计算题的内容包括：首先要计算出一道闪电释放了多少电能，然后参照市面上的电价，就能算出它值多少钱。

算法很简单，可闪电释放的电能却不好计算。依据最新的资料，闪电放电的电压约等于 50 000 000 伏特，电流据估计是 200 000 安培。这组数据是根据电磁铁的铁心被电流磁化的程度来确定的——电流是在打雷的时候通过避雷针来到线圈里的。把电压值和电流值相乘，就可以得到电功率的数值了。不过这里应该考虑到，在放电时电压会一直降到零，所以计算闪电的电能得用平均电压，换句话说，就是初压的一半。

所以我们的算式是：

$$电功率 = \frac{50\,000\,000 \times 200\,000}{2}$$
$$= 5\,000\,000\,000\,000 （瓦）$$
$$= 5\,000\,000\,000 （千瓦）$$

大家看到这个数据是不是感觉很大？这么来看闪电一定很值钱。单纯地看电功率是很大，可是如果用计量电能的单位"千瓦时"来表示出这些电能，那得到的数目就要小得多。闪电的持续时间通常不会超过千分之一秒，在这样短暂的时间里释放的电能也不过为 $\frac{5\,000\,000\,000}{3\,600\,000} \approx 1400$ 千瓦时。我们通常所说的"1 度"也就是"1 千瓦时"。按照每千瓦时 0.20 元计算，那么一道闪电的价钱为 $0.20 \times 1400 = 280$ 元。

这个结果是不是很惊人啊！闪电的功率是重炮弹的一百多倍，可它却仅仅值 280 元。

以前，闪电只有自然界有，如今随着现代电工技术的发展，人们已经能够制造闪电了。这种人造闪电的功率比起自然界的闪电要小很多。

雷雨也可以人工制造吗？

你试过自制小喷泉吗？其实这是一件很容易的事情。所需要的准备工作也很简单，基本上，只要有水龙头、一根橡胶管及水桶就够了。将水桶放在高处，把橡胶管的一端放在里边；也可直接把橡胶管套在自来水龙头上。出水口一定要被挤压得很小，这样喷出来的水会分裂成许多股细流。最简单的方法是把一根抽掉了铅芯的铅笔杆插在橡胶管喷水的一头。如果要更方便，还可以在这一头套一个倒转的漏斗，如图 89 所示。

让喷泉的高度维持在半米左右，保证水流是笔直向上的。把火漆棒或硬橡胶梳子用绒布摩擦后靠近喷泉，喷泉就会有一些奇妙的变化：喷泉原来分成几股的细流汇合成一大股水。这股水落在接水的盘里会发出相当大的声音，和雷雨所特有的噪声一样。关于这一点，物理学家波艾斯曾经说过一句话："雷雨里的雨滴会变得那样大，毫无疑问正是这个原因。"这时，如果把火漆棒移走，喷泉就立刻又变成许多股细流，而雷雨所特有的噪声也变得柔和了。

图 89

　　在不了解其中原理的人面前，你可以像魔术师使用"魔杖"那样，用这根火漆棒指挥小喷泉的水流。可为什么会产生这种现象呢？

　　摩擦后的火漆棒对喷泉的这种意外作用，可以这样来解释：水滴会因感应而生电，靠近火漆棒的那一部分水滴会因感应而生正电，相反方向的那些水滴会生负电。这样一来，带不同电荷的部分互相吸引，就使水流合成一股了。

　　电对水流的作用，你还可以用更简单的方法看到：你如果把一个刚梳过头发的硬橡胶梳子拿到自来水的一股细流附近，这时候水流会变得很密实，并且会明显地向梳子的方向弯过去，形成急剧的偏向（见图90）。

图 90

　　这种现象解释起来要比前一种复杂得多：它是因为水流的表面张力在电荷作用下改变形成的。顺便让我说明一下，传动皮带在皮带盘上转动的时候也会起电，这也是因为摩擦而产生的电。这样产生的电火花在某些生产部门有引起火灾的危险。避免的方法是在传动皮带上镀银，因为有了薄薄一层银以后，传动皮带就成了导电体，于是电荷就不能在上面积蓄起来了。

第九章　光的反射、折射

五像照片是怎么拍出来的？

有时候，在一张照片里，摄影师可以拍摄出一个人的多种角度，正如图91里可以看到五种角度一样。这种照片能把人物的特点展示得更加详尽，这是普通照片所不具备的。我们知道，摄影师最关心的毫无疑问是怎样能更好地将人物美的一面展示给观众。这里既然可以一次得到几种角度，那么就更容易从里面挑出一种最能表现人物特点的角度来。

图91

要拍出这样的照片，用正常的拍摄手法肯定是不行的。那要怎样才能拍摄出这样的照片呢？拍摄时需要借助镜子。照相的人背朝着照相机 A 坐着，面朝着两面直立的平面镜 C 和 C'（见图92）。两面镜子所成的角度是 $360°$ 的 $\frac{1}{5}$，也就是 $72°$。这样的两面镜子应该可以反射出 4 个人像。

这些像加上实物像，就构成了一张五像照片。所用的平面镜应该没有框，以免把框呈现在照片上。为了在镜子里不映出照相机，得在照相机前面设置两张幕（B 和 B'），幕的中间开个小缝，放置镜头。

拍出的像的数目取决于两面镜子所成的角度。角度越小，拍出的像的数目越多。在角度等于 $\frac{360°}{4} = 90°$ 的时候可以拍到 4 个像，在角度等于 $\frac{360°}{6} = 60°$ 的时候可以拍到 6 个像，在角度等于 $\frac{360°}{8} = 45°$ 的时候可以拍到 8 个像……不过光线反射的次数越多，像就越模糊，所以一般都限于拍摄 5 个像。

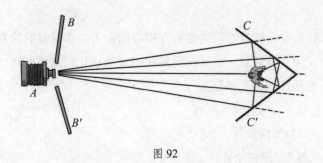

图 92

真的可以发明出隐身帽吗？

隐身一直是一个让很多人感兴趣的话题，也是在很多故事里出现的话题。远古时代的故事里就有关于隐身帽的故事，讲的是有这样一顶帽子，只要你戴上它，别人就看不见你。普希金曾经在《鲁斯兰和柳德米拉》里生动地叙述了这个古代的传说，并且把隐身帽的奇妙性能描写了一番。

> 柳德米拉突然想了起来，
> 她忐忑不安地，
> 试戴了赤尔诺魔的帽子……
> 她把帽子转过去转过来，
> 又把帽子压在眉毛上，正着戴，歪着戴，
> 又把它颠倒过来戴。

> 看啊！真是千古奇事！
>
> 镜子里的柳德米拉不见了；
>
> 把帽子倒回来，
>
> 从前的柳德米拉又出现了；
>
> 再倒着戴又不见了；
>
> 取下来，她又在镜子里了！
>
> "好极啦！魔法师！我的天哪！
>
> 从今以后，我在这里不再有危险了……"

柳德米拉的唯一护身术，就是她有隐身的能力。在可靠的隐身帽的掩护下，她避开了卫兵的监视。卫兵们只能根据她的动作，来推断这个看不见的女俘虏是不是还在，又在哪里。

> 随时随地可以看到
>
> 她飘忽无定的踪迹：
>
> 有时候，金黄色的果实
>
> 在喧哗着的枝头上不见了；
>
> 有时候，一滴滴的泉水
>
> 落在揉皱了的草地上。
>
> 这时候城堡里的人就知道
>
> 大概是这位公主在解渴充饥了……
>
> 夜幕还只刚刚揭开，
>
> 柳德米拉就到瀑布里
>
> 去洗冷水澡。
>
> 有一天早晨，
>
> 卡尔本人就曾在宫里望见：
>
> 在看不见的手下面，
>
> 飞溅着瀑布的浪花。

古代人的动人梦想，有许多早已变成现实了，不少神话里的魔术已经变成了科学上的财富：穿过高山，捕集闪电，坐着飞行毡飞翔……

那么，隐身帽这种东西难道就不能发明出来吗？换句话说，我们就找不到方法使别人看不到自己吗？下面就让我们来谈一谈这个问题。

英国作家威尔斯在《隐身人》这本小说中讲述了隐身人的故事，虽然这是文学作品，可作者却竭力让人们相信隐身是完全能实现的。小说里的主人公是一位"世界上从来没有过的天才物理学家"，他发明了一种可以使人的身体不被看见的方法。下面是他对一位熟悉的医师所说的他的发明的根据。

"因为物体对光线有各种作用，所以我们能看见物体。物体对光线的作用包括吸收光线、反射光线、折射光线。如果物体对光线没有任何反应，那么我们也就不会看到它了。例如，一个不透明的红箱子放在那里，你能看见它是因为红色的涂料能够吸收一部分光线，把其余的光线反射出去。假如那个箱子一点光线也不吸收，而是把全部光线都反射出去，这时我们再去看它，它就会是一个耀目得像银制的白箱子。能闪烁发光的箱子只能吸收很少的光线，一般它的表面反射的光线也不多，只在箱子上的某些地方，如箱棱上反射和折射着光线，这样就使我们清楚地看到它闪烁着反射光的外表有点像发光的骨架。玻璃箱子发光比较少，在我们眼里，它不像闪烁着光的箱子那样清楚，这是因为玻璃上反射的光线和折射的光线比较少。如果把一块普通白玻璃放在水里，特别是放在某种密度比水更大的液体里，那它就几乎看不见了，因为透过水射到玻璃上的光线，受到折射和反射的程度非常小。玻璃已经变得跟飘在空气里的二氧化碳或氢气一样，看不见了。"

"是的，"坎普（医师）说，"这一切都极简单，今天的每一个学生都知道。"

"可是还有一件事也是每一个学生都知道的。如果把一块玻璃捣成粉末，它在空气里就变得十分容易看见了，它变成了不透明的白色粉末。为什么会这样呢？因为把玻璃捣碎，就增加了它的表面数目，也就使它所反射和折射的光线增多。玻璃片只有两个面，而玻璃粉末的每一个颗粒都能反射和折射光线，所以能够透过它的光线就非常少。可是如果把捣碎了的白玻璃放在水里，它马上就会隐去。捣碎了的玻璃和水有几乎相同的折射率，这就使光线从水进入玻璃或从玻璃进入水的时候，发生极少的折射和反射。

"把玻璃放在任何一种折射率同它差不多的液体里，你就不能看到它：凡是透明的物体，只要把它放在折射率同它相同的介质里，就会变得看不见。懂得这一点以后，你只要略微想一想就会相信，我们也能使玻璃在空气里变得看不见：设法把玻璃的折射率做得跟空气的折射率相同。因为这时候光线从玻璃进入空气时，不再会被反射，更不会被折射。"[①]

"对，对，"坎普说，"但是要知道，人并不是玻璃啊。"

"不，人比玻璃要更透明。"

"胡说！"

"自然科学家也是这样说的！难道你只过了十年，就完全忘记了物理学吗？譬如纸是由透明的纤维制成的，它之所以会发白而不能透光，正同玻璃粉会发白而不能透光是同样的道理。但是如果你在白纸上涂上油，让它来填满纤维之间的空隙，使纸只能用表面来折射和反射光，那么这张纸就会变得同玻璃一样透明了。不但纸是这样，布的纤维，毛织物的纤维，木材的纤维，我们的骨骼、肌肉、毛发、指甲和神经都是这样！总之，人身上的一切，除了血里的血红素和头发里的黑色素，都是由透明无色的组织组成的。所以要使我们彼此看不见不需要费很大的事！"

得了白化病的动物，它们身上的毛、身体组织里的色素都会丧失，看起来就是相当透明的。1934 年夏天，有一位动物学家在儿童村里找到一只缺乏色素的白蛙，曾经这样描写过它："皮很薄，肌肉组织能透光；内部器官和骨骼等都能看到……透过腹壁能够非常清楚地看到这种缺乏色素的蛙的心的跳动和肠的蠕动。"

------

① 如果把一个完全透明的物体用一种能够十分均匀地散射光线的墙包围起来，那这个物体就不会被看见。这时如果你从旁边的小孔往里看，你从这个物体所有点上看到的光会与这个物体完全不存在时看到的光一样多，没有任何闪光或阴影会暴露这个物体的存在。

可以做一个实验：将一张白色的厚纸做成直径半米的漏斗（侧面留一小孔），把它放在一个 25 瓦的灯泡附近，并像图 93 所示的那样，从漏斗下面插入一支玻璃棒，尽可能让它垂直。如果歪了的话，玻璃棒中心轴会发黑，而边缘会发亮，或者相反。这两种照明情况在玻璃棒稍微变动下位置时，都会从一种变成另一种。在试了许多次之后，这根玻璃棒的亮度才会十分均匀。这时候用眼睛从侧面小孔向里看，就完全看不到玻璃棒。在这种实验条件下，虽然玻璃物体的折射率同空气的折射率有很大差别，可是玻璃物体还是可以变得看不见。

威尔斯小说里的主人公发明了一种能把人体里的所有组织，甚至身体里的色素都变得透明的方法，而且他使自己完全变成了一个隐身人。

图 93

如何制作透明标本？

那么有读者可能会想，科幻小说里的物理学推理是不是真的可靠呢？答案是完全可靠。只要是透明的物体，我们将它放在透明的介质里，透明物体就会变得隐形了，前提是它们的折射率差小于 0.05。在《隐身人》这本小说写成十年后，一些身体局部器官的透明标本，甚至整个动物的透明标本真被人们制作出来了。在许多博物馆里我们都可以看到这样的标本。

如何制作透明标本呢？其实它的制法并不复杂。首先使老鼠、鱼等动物标本经过漂白和洗净等程序，然后把它们浸在水杨酸甲酯里——这是一种有很强折射作用的无色液体，最后把用这种方法制得的动物标本放在容器里，当然，里面还要装入一样的液体。

这里所谓的透明标本并不是完全透明的。如果真的完全透明了，那人们还如何去看这些标本？如果标本都隐形了，那对解剖学还有什么用处？当然，如果有必要，我们也可以把它们做得完全透明。

动物尸体可以被制作成透明的标本，但是想像威尔斯想的那样让活人透明到完全看不见是不可能的。因为首先要把活人浸泡在具有一定折射率的液体里，浸泡过程中还不能损害人体的组织机能。其次，我们说了制成的标本也仅仅是透明的，而不是完全看不见的。再就是这样的标本也不是在哪里都是透明的，它只有浸在有相同折射率的液体里时才是透明的。若是让它们处于空气中，那么只有在它们的折射率等于空气的折射率的时候，才能够变得看不见。但是能做到这一点的办法我们还不知道。

也许会有这么一天，人们将上述两个问题都解决了，那样的话英国小说家的幻想也就变成现实了。那时候会不会有一些隐身战士、隐身队伍，能够意外地出现在敌人后方，用自己那种不可思议的、超自然的行动使敌军惊慌失措呢？

小说是作者经过周密的考虑创作出来的，逻辑严谨，使读者不由自主地跟着他的思路走，觉得他所写的就是事实，认为隐身人真是人类里面最有威力的人……可是事实并非如此。

其实，《隐身人》这本小说也有漏洞，聪明的作者忽视了一些事情。我们将在下一节讲述。

隐身人能看见其他人吗？

小说《隐身人》的作者利用光的原理阐述了人是可以隐身的，并且说明了人隐身之后，他的威力会变得很大。比如他可以在神不知鬼不觉的情况下进入任何一间屋子，可以随心所欲地拿任何他想拿的东西。因为别人看不见，所以也不会有人知道到底是谁做的，甚至他还可以凭借隐身的能力打败全副武装的整个军队。

总之，隐身人可以在不受任何威胁的前提下，与那些不能隐身但可能对自己造成伤害的人战斗，还可以命令全城的居民为他服务。在自己不被捉到、不被伤害的前提下，他完全还有余力去袭击其他人。而其他人却防不胜防，甚至不知道危险来自哪里，也不知道自己是被谁伤害的。当隐身人去袭击一个人时，对方几乎是没有办法躲避的。所以，小说里的主人公甚至可以向城里受到他威胁的所有人发出这样一道命令：

从今天开始这座城市便不在女王的管辖下了。请你们互相转告，告诉你们的团长、警察以及所有的人：我以后就是这座城市的统治者！今天是新世纪——隐身人世纪第一年的第一天！我就是隐身人一世。我的统治将会是宽松的。但是在这第一天里，我要判一个人死刑，给大家警示。坎普将被判处死刑，今天就是他的死期。尽管他采取了严密的防护措施，他闭门不出，安排了士兵保护他，甚至他自己也全副武装起来了，可还是难逃命运的安排，死亡还是会降临到他身上的！无论他采取的预防措施多么严密，但是我要让我的人民知道，死神是一定会降临到他身上的！我的臣民们，如果不想与他同归于尽，那就千万别帮助他。

虽然隐身人取得了最初的胜利，但是后来生活在恐惧中的居民还是找到了跟这个隐身人斗争的办法。

隐身人能看见别人吗？

如果威尔斯在创作前问一下自己这个问题，相信《隐身人》这本小说就不会问世了。

理论上，实力强大的隐身人应该是一个盲人。如果是这样的话，那隐身人应该有很多想法是没有办法付诸实际行动的。

小说里的主人公为什么能隐身呢？按照作者的理论，这是因为他的身体各部分，包括眼睛在内，都已经变得透明了。只有这样，它们的折射率才会等于空气的折射率。

说到这里，是不是有朋友明白了什么呢？我们的眼睛是由晶状体、玻璃体和其他部分组成的，而它们的作用就是折射光线，使外部事物的像能够出现在视网膜上，这样我们就能看到事物。如果眼睛和空气的折射率相同，那就意味着不会发生折射现象了。因为光线从一种介质进入另一种折射率相同的介质时，不会改变方向，因此也就不能会聚在一点上。光线在完全没有阻碍的情况下进入隐身人的眼睛里，它既不会折射，也不能留在没有色素的眼睛里①，换言之，隐身人这样的眼睛不能在视觉系统里留下任何图像。

现在大家明白了吧，隐身人是个彻头彻尾的盲人。

自然界里的生物也会隐身？

隐身是不可能了，传说中的隐身帽是不存在的。但在现实生活中，我们有方法解决"隐身"的问题：给物体涂上一定的颜色，使眼睛难以在短时间内看清它。在自然界，这个方法是十分常见的，生物的保护色不就是这样吗？在残酷的自然界，许多生物都非常善于用保护色躲避敌人，在生存竞争中保存自己。

在军队里，战士们将这种颜色称为"自卫色"，动物学家把它叫作"保护色"或"掩护色"，早在达尔文的时代就这么称呼。动物界里这种保护色的例子是非常多的，行走在大自然里几乎随时都可以遇见。如沙漠里的动物，大多数都有微黄的"沙漠色"，沙漠色成了它们的特征。在一切具有代表性的沙漠动物身上，如沙漠狮、鸟、蜥蜴、蜘蛛身上，都可以找到这种颜色。同样，北方雪地上的所有动物，无论是凶猛的北极熊，还是不伤人的海燕，都披上了一层白色，它们在雪的背景下简直看不出来。还有生活在树皮上的蝶蛾和毛虫，颜色都非常接近树皮的颜色（如毒蛾等）。

凡是要捕捉昆虫的人都会特别细心，因为昆虫有保护色，要找到它们并不容易。绿色蚱蜢是夏天最常见的小昆虫了，可你会发现它们虽然有很多，可并不容易捕捉到。明明听到它的叫声了，走过去却发现到处是绿油油的草，根本看不到它在哪儿，因为它隐藏在绿色背景里。

陆生动物如此，水生动物也是这样。生活在褐色藻类里的海生动物，它们的保护色是褐色，这使得它们在褐色的海藻里很难被发现。生长在红色海

---

① 为了使动物得到某种感觉，光线在进入它们的眼睛的时候，应该发生某些哪怕是极小的变动，也就是说，应该完成一定的工作。为此应该有一部分光线被眼睛留住。完全透明的眼睛当然是留不住光线的，否则它就不是透明的。凡是用身体透明来自卫的动物，它的眼睛都不是完全透明的。著名的海洋学家牟莱说过："天然生活在海底的大多数动物都是透明的，在它们被捕捞上来后，我们只能通过它们的黑色小眼睛认出它们，因为它们缺少血红素，并且完全是透明的。"

藻区域里的动物，主要的保护色是红色。银色的鱼鳞同样具有保护作用，它使鱼类既免受在空中搜寻它们的猛禽的伤害，又免受在水下威胁它们的大鱼的袭击：水面不但从上面往下看像面镜子，而且从下面，从水的最深处向上看更像面镜子（"全反射"），而银色的鱼鳞刚好同这种发亮的银色背景融合成一片。至于水母和水里的其他透明动物，像蠕虫、虾类、软体动物等，它们的保护色是完全无色和透明，使敌人在那无色透明的自然环境里看不见它们。

　　自然界的动物经过长时间的演变所具备的这一保护性特征比人类的发明高明得多。许多动物都能随着周围环境的变动来调整自己的保护色。银鼠会随着季节的变化和雪的融化而改变毛色，否则雪一融化它就会失去保护色。因此在春天，这种白色小动物会换上一身红褐色的新毛，使自己的颜色跟那从雪里裸露出来的土壤的颜色混成一片。随着冬季的来临，它们又穿上了雪白的冬衣，重新变成白色。

现代人竟然会隐身？

　　虽然人类的身体不具备保护色，但是我们从自然界那里学会了如何利用保护色，如在战场上为了避免被敌人发现，战士们会伪装自己的身体，同周围的背景相融合。就连现代军舰也用上了保护色，钢甲的灰色就是一种自卫色，它使军舰在海洋的背景里很难被分辨出来。

　　战争时期，防御工事、大炮、坦克等也是需要伪装起来的，或者用人造雾掩蔽起来，以迷惑敌人的视线。兵营要用特殊的网来隐蔽，网眼里还要编上一簇簇的草，战士也要穿上染成草绿色的衣服。这叫作"战术伪装"，也同自卫色有关。

　　现代军用飞机也广泛地使用了自卫色和伪装。根据地面的颜色，飞机会被涂成褐色、暗绿色或紫色，这样飞机的颜色同地面上的背景相近，就很难被高处的飞机发现。

　　而飞机的底部也会被漆成跟天空一致的浅蓝色、浅玫瑰色或白色，以此来迷惑地面上的观察者的视线。在 740 米的高空，这些颜色会同那不显眼的一般背景融合成一体。在 3000 米的高空，有这种伪装的飞机会变得看不见。在黑夜里袭击用的轰炸机应当被漆成黑色。

如果某种自卫色在所有的环境里都是适用的，那就相当于一种能够反射四周景色的镜面。如果物体具有了这种镜面，那它就能够自动地取得四周的颜色，使人很难发现它的存在。德国人在第一次世界大战的时候就用过这种办法，如在齐柏林飞艇上使用过这种方法。许多齐柏林飞艇的表面材料是闪闪发光的铝，能够反射出天空和云彩。有时如果不是因为它们的发动机发出声音，它们很难被发现。

虽然我们没有见到传说中让人隐身的隐身帽，但是在自然界和军事技术中，隐身都已经变成了现实。

在水里睁着眼睛能看见东西吗？

你在潜水时有没有测试过自己能在水里待多久？在水里睁着眼睛能看见东西吗？

水和空气都是透明的，给人的感觉是在水里看东西应该和在空气里看东西是一样的。在这里我们可以回顾一下前面说的隐身人是盲人的问题。隐身人眼睛的折射率和空气的折射率相同，所以他看不见东西。这时问题就来了：我们在水里的时候，所遇到的情况与隐身人在空气里的情况基本是一样的。看一下相关数据就更清楚了。水的折射率是 1.34，而人眼里各种透明物质的折射率是：

角膜和玻璃体…………………………………1.34

晶状体…………………………………………1.43

水状液…………………………………………1.34

通过数据我们不难看出，水的折射率只比晶状体的折射率小大约 6%，而眼睛其他部分的折射率和水的折射率相等。在水里，光线通过人的眼睛折射后所形成的焦点在视网膜的后面很远，因而在视网膜上所显现的物像就一定很模糊，也就是说，人在水里是很难看清东西的。如果在水里的人患有近视，那他反而能比较正常地看到东西。

如果你想在水里像在岸上一样看清东西，就必须采取点措施：不近视的人也要戴上一副度数很大的近视眼镜，也就是双凹透镜。这样就矫正了焦点靠后的问题，使焦点回到正确的位置。

折光能力很强的眼镜能不能帮助我们在水下看清东西呢？

我们所用的镜片都是普通的玻璃，在这里是不会有多大帮助的，因为普通玻璃的折射率是1.5，也就只比水的折射率（1.34）大一些。一定要使用折光能力极强的特种玻璃（折射率差不多等于2的所谓铅玻璃），才能在水里大致清楚地看到东西（关于潜水用的特制眼镜，请看下文）。

图94为鱼眼的断面图，它有球形的晶状体，在看东西的时候并不改变形状，而只是改变位置，就像图中虚线所表示的那样。看过鱼的晶状体后，你应该明白为什么鱼的晶状体会特别凸出了。鱼有球形的晶状体，它的折射率在我们所知道的一切动物的晶状体当中是最大的。如果不是这样的话，鱼类生活在这种折光能力很强的透明环境里几乎就是瞎子。

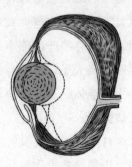

图94

读到这里肯定会有读者问，如果人类的眼睛在水里几乎不能折射光线，那么潜水员为什么能在水下看东西呢？你要知道潜水员是穿着特制的潜水服工作的，戴着装有平面玻璃的面具。注意，装的是平面玻璃而不是凸玻璃。

大家不妨想一想：乘客们坐在儒勒·凡尔纳的"鹦鹉螺"号里，能不能透过窗子欣赏潜水艇外面的水下世界呢？

这又是一个新问题了。虽然是新问题，但是回答起来并不难。在回答这个问题之前，我们首先要清楚一个问题：我们之前说的潜水都是在没有任何防护下的裸身潜水，当我们身处水底时，我们的眼睛与水是直接接触的；潜水员是戴了潜水面具的，而乘客们是坐在"鹦鹉螺"号的船舱里，他们的眼睛与水是不直接接触的，之间隔着一层空气，当然还有玻璃。这两种情况是有区别的，并且是有本质的不同。在后一种情况下，玻璃后边还有一层空气，光经过空气以后才进入眼睛。按照光学原理，在水里以任何角度射到平面玻璃上的光线，在经过玻璃的时候方向是不会改变的。但是光线从空气进入眼睛就会发生折射。这时候眼睛所起的作用与在陆地上是完全没有区别的。潜水员能看到东西的关键就在这里，这就跟我们可以十分清楚地看见鱼缸里的鱼是一样的道理。

水中的透镜为何失效了？

不知道大家有没有试过把双凸透镜也就是放大镜浸在水里，隔着水用放大镜看水里的物体？如果试过，那你一定就会发现一个问题：放大镜在水里几乎失去了放大功能！当然，如果你将一块缩小镜（双凹透镜）放在水里，也会发现它的缩小能力同样几乎丧失了。注意，我们说的是放在水里，如果将水换成一种折射率比玻璃大的液体，这时候你就会发现双凸透镜变成了缩小镜，双凹透镜反而变成了放大镜。

是不是很奇妙？如果你这时还记得光线折射的原理，那这一切现象就变得好理解了。双凸透镜在空气里能够放大物像，是因为玻璃的折射率比周围空气的折射率大。可水和玻璃的折射率几乎是一样的，把玻璃透镜放在水里，光线从水里进入玻璃的时候，因为折射率相近，所以就不会偏折得很厉害。因此，把放大镜放到水里，它的放大能力就几乎丧失了。同样的道理，把缩小镜到水里，它的缩小能力同样会减弱很多。

　　当把玻璃放进折射率比它大的液体里时，放大镜的功能因为折射的变化会变成缩小物像，同理，缩小镜反而会放大物像。空心透镜（说得准确些就是空气透镜）在水里也起着同样的作用：凹的会放大，凸的会缩小。潜水员用的眼镜正是这种空心透镜（见图95），光线 *MN* 经折射以后，就沿着 *MNOP* 这条路线行进，在透镜里面它远离法线，在透镜外面它靠近法线 *OR*，因此这种透镜起着凸透镜的作用。

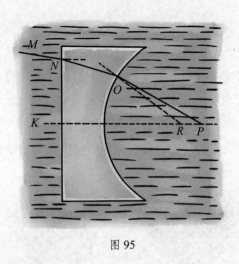

图95

　　光的折射原理在实际生活中常常会引起一种现象，而没有经验的游泳者常常会因此遇到很大的危险。他们往往不知道或者说忽略了水里的物体会因为折射显得比它真正的位置高。就像有些池塘、河流以及蓄水池，在肉眼看来并不深，可实际进去后会发现它们要比我们肉眼看到的深度深大约三分之一。不明白这个道理的人万一将这种假象当真的话，往往就会陷入危险之中。喜欢游泳的儿童以及身材不高的人尤其要注意，如果凭借肉眼估计错了水的深度，是会引发生命危险的。

　　这种错觉也是由光的折射引发的。把茶匙的一半浸在水里，它看上去好像折断了（见图96），这也可以用光的折射来解释。这种现象是很常见的，我们可以自己去检验。

图 96

让人们围着一个放有盆子的桌子坐下，注意不能让他们看见盆子的底部。将一枚硬币放在盆底，因为大家看不到盆子的底部，而硬币紧紧地贴着盆的底部，那大家肯定也是看不到硬币的（见图 97）。让大家继续盯着盆子，同时向盆里注水。一件奇妙的事情发生了，随着水的注入，大家都看到了盆底和硬币！可把盆里的水倒掉以后，盆底和硬币又都看不到了。

图 97

图 98 说明了这个实验到底是怎么回事。在观察者的眼睛即水上面的 A 点看，盆底 m 的位置好像升高了。这是光线折射的结果。光线从水里射入空气时，会沿着图中实线所示的路线进入眼睛，而眼睛却会认为光线是按图中虚线所示的路线传播的，即看到的盆底是在 m 的上面。光线的进路越斜，看到的 m 的位置就越高。正如我们在船上看平坦的池底的时候，常常会觉得船下面的那一部分池底最深，而四周越远的地方越浅。

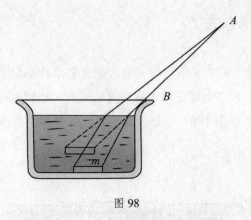

图 98

我们看池底时总觉得池底是凹形的。可如果我们潜在池底来看跨在池面上的桥，也会觉得它是凸形的，像图 99 所示的那样（这张图的拍摄方法，我们会在后面讲）。在这里，光线是从折射率比较小的介质（空气）进入折射率比较大的介质（水），所以得到的效果就和光线从水进入空气的时候相反。由于同样的原因，站在鱼缸前面的一排人，在鱼看来也应当不是笔直的一排，而是成弧形的，这个弧形的凸处向着鱼。至于鱼到底是怎样看东西的，或者说得更准确一些，鱼如果有人的眼睛，它们应当怎样看东西，我们后面再谈。

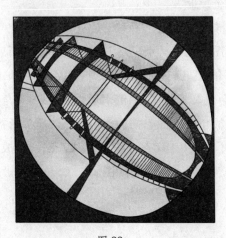

图 99

水中的别针跑哪儿去了？

在一块圆形软木片中央插一枚别针，注意软木片不要太大，别针要稍微长一些，确保软木片不会遮住你观察别针的视线。让软木片浮在水盆里，同时保持别针向下（见图100），你会发现，无论怎样歪着头看，就是看不见别针。

图 100

为什么别针没有被软木片遮住，可放在水里就看不见了呢？这是因为发生了物理学上的"全反射"。

这种现象是怎样形成的呢？图101是从水里进入空气里的光线发生折射时的各种情况示意图。光线从水里进入空气里，是从折射率比较大的介质进入折射率比较小的介质。其路线和光线从空气中进入水中相反。光线在从空气中进入水中后，会更靠近法线。举例来说，跟法线成β角的光线射入水里后，就要沿着比β角小的角度α的方向前进。现在，箭头所指的方向应该颠倒一下［见图101（a）］。在图101（b）里，光线跟法线所成的角度等于临界角，光从水里出来后，就沿着水面前进。图101（c）所示就是全反射的情况。

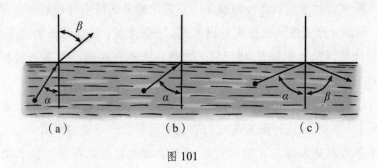

图 101

　　如果光线掠过水面，几乎跟法线成直角地射在水面上，其传播路线又该是怎样的呢？它在水里的路线跟法线所成的角度一定比直角小，等于48.5°。射入水里的光线是不能沿着跟法线成大于48.5°角的方向前进的。这个角对水来说就是临界角。如果你想弄明白折射的许多出乎意料而又非常有趣的现象，就必须先把这个简单的关系弄清楚。

　　现在大家应该明白了，光线从空气中进入水中，无论以什么角度入射，一旦进入水里后就会挤在一个相当窄的圆锥体里，这个圆锥体的顶角是48.5°＋48.5°＝97°。而在光线从水里进入空气里的时候，它的路线就会像图 102 显示的那样。按照光学定律，它们的路线跟上面所说的完全相反。包含在顶角为97°的圆锥体里的一切光线，在进入空气的时候，会在水面以上整个180°的空间，依各种不同的角度散开。

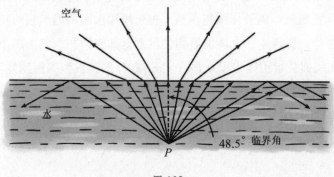

图 102

　　有些光线会落在上面所说的圆锥体以外的水底，那这些光线都到哪里去了呢？原来这时水面就像一面镜子，它将这部分光线全部反射回去了。也就是说，这部分光线根本就没有射出水面。一般来说，任何一条水面下的光线，如果以比临界角（也就是 48.5°）大的角和水面相遇，都不会被折射而会被反射。它们会像物理学家所说的那样发生"全反射"[①]。

假如鱼类能够研究物理学的话，光学里对它们来说最重要的一章应该是"全反射"，因为这种现象在它们的视觉里起着最重要的作用。

许多鱼都是银白色，这极可能跟水下的视觉特点有关。按照动物学家的观点，这样的颜色就是鱼类适应全反射的结果：前面已经说过，在从下往上看的时候，水面由于"全反射"很像一面镜子。在这样的背景下，只有银白色的鱼才不容易被它们的敌人发现。

从水下看水上的世界为什么不一样？

从不同的视角看世界，结果也是不同的。如果从水下来看世界，那么世界也就变得不一样了。因为有些事物会发生变化，变得几乎让人认不出来。

在水下抬头看水面以上的世界，会发现飘在天空中的云的形状一点也不会改变，这是为什么呢？因为竖直射入水中的光线是不会发生折射的。但是除了竖直的光线外，其他光线都是会发生折射的。所有物体，只要它们射出的光线和水面呈锐角相遇，那么毫无疑问它们的形象是歪曲的。给人的感觉是它们的位置越低，就被压缩得越紧——光线和水面相遇所呈的角度越小，就挤得越厉害。要将水面上所能看到的世界全部容纳在水底下那个狭小的圆锥体里，光线拥挤得厉害也很正常；一条 180°的弧应该缩短到差不多一半，变成一条 97°的弧（见图 103）。因此事物的形象自然会被歪曲。从物体射出的光线如果以 10°左右的角和水面相遇，物体在水里的像会被压缩得几乎认不出来。

---

① 这种反射之所以叫全反射，是因为以这种角度射来的光线全都会被反射回去。反射镜，即使最好的镜子也只能反射出射到上面的一部分光线，而吸收其余部分。所以水在上面所说的条件下可以说是理想的镜子。

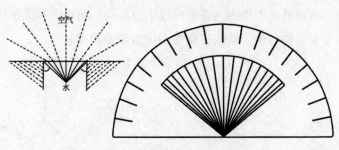

图 103

但最让人吃惊的，还是水面本身的形状：从水下往上看的时候，水面不是平的，而是呈圆锥形！在你看来，你仿佛站在一个大漏斗的底部，而漏斗的顶角比直角稍微大一些（97°）。这个圆锥体的上部边缘围着红、黄、绿、蓝、紫等颜色的彩色圈。为什么会这样呢？我们知道，阳光是由各种颜色的光组成的，每一种颜色的光都有自己的折射率，因此也就有自己的"临界角"。就是因为这个缘故，从水下往上观察的时候，物体好像是被彩虹一样的光圈包围。

那么在这个包含整个水面上的世界的圆锥体的边缘以外，还可以看到些什么呢？在那里只能看到一片发光的水面，它像镜子一样，会反映水下的各种物体。

对水下的观察者来说，看上去最特别的是部分在水里、部分露在水面以上的物体，比如人们用来测量河水深浅的标杆。如图 104 所示，当观察者在水下 A 点观察时会看到些什么呢？我们将他能看到的区域（也就是 360°的视野）分成几个区，然后分别对每一个区进行研究。在视野 1 里，他能看到河底，前提是河底的亮度足够。在视野 2 里，他能看到标杆在水面下的部分而且不是扭曲的。在视野 3 里，他大约会看到标杆的同一部分的反射像，也就是标杆的水下部分的倒影（请记住，这里所说的是"全反射"）。再高些，水下的观察者会看见标杆在水面上的部分，但是它并不和水下的部分相连接，而是移到高得多的位置，跟下面的部分完全分离开。在视野 4 里，可以看到河底的反射像。在视野 5 里，可以看到呈锥形的全部水面上的世界。在视野 6 里，可以看到河底的反射像。不用说，观察者一定想不到这个悬在空中的标杆就是原先那根标杆的水上部分！标杆的这一部分显然已经被大大压缩了，特别是它下端的几条刻度线十分接近。河岸上被洪水淹了一半的大树，从水下看的时候，就应该像图 105 里所画的那种样子。

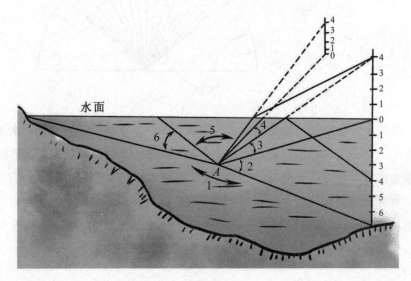

水面

图 104

图 105

如果在竖标杆的地方站着一个人，从水里去观察这个人，看到的样子就会像图 106 里所画的那样。在鱼的眼里，站在水里洗澡的人应当是这种样子的！在鱼看来，在浅滩上行走的人是分成两部分的，或者说是两个"动物"：上半部分没有脚；下半部分没有头，但是有四只脚！当我们从水下的观察者（鱼）旁边走开的时候，我们的上半部分身体就会越来越短。等我们走了一定距离以后，水面上的身体几乎全部消失，只剩下一个空悬着的头……

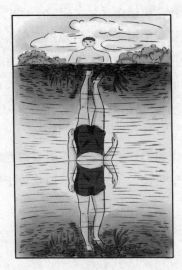

图 106

我们说的这些结论能不能直接用实验来验证一下呢？其实是有很大难度的，因为人到了水里，基本是睁不开眼睛的，即使能睁开眼睛，也不可能看到很多东西。第一，我们在水里能停留的时间是有限的，这段时间甚至都等不到水面恢复平静，透过动荡的水面是很难看清物体的。第二，前面已经讲过，水的折射率跟我们眼睛的透明部分的折射率几乎是一样的，因此在水里看到的物像极不清楚，周围的一切看上去都会模糊不清。从潜水钟、潜水帽或是从潜水艇的玻璃窗里向外看，也是不能看到所要看的东西的。

我们已经讲过，在这些情况下，观察者虽然是在水下，却跟"水下观察"的情况不一样。因为在这些情况下，光线在进入我们的眼睛以前，先要穿过玻璃和空气，因此，它就要受到相反的折射。受到相反的折射以后，光线或是恢复了原来的方向，或是取得了新的方向，但无论如何都不会维持它在水里的方向。这就是为什么从"水下室"的玻璃窗向外看，也不能得到"水下观察"的正确结果。

我们虽然很难亲身去水下观察，不能直接从水里看水面上的世界，但是可以借助设备来完成，例如将一种内部装满水的特殊照相机放到水底去拍照。这种照相机的镜头是特殊的，用中间钻有小孔的金属片代替一般的镜头。

很容易明白，假如光孔和感光底片之间的全部空间都装满水，那么外部世界映在底片上的像，就应当跟水底下的观察者所看到的像一样。用这种方法可以得到我们想要的照片，图 99 就是这样得到的照片之一。至于水下的观察者所看到的水面上的物体，形状为什么会那样扭曲（例如直的铁路桥在照片上变成了弧形），我们在讲池塘的平底为什么看上去好像是凹形的时候，已经讲过了。

还有一种方法可以让我们直接看到水下的观察者眼里的水面上的世界：可以把一面镜子沉入一池平静的水里，适当地使镜子倾斜，就可以在里面看到水面上物体的反射像。

利用这些观察方法得到的结果，在一切细节方面，都可以证明上面那些见解是正确的。

由此可见，在水中时，眼睛和水外的物体之间的那一层透明的水，能够歪曲水面之上的景象，给了它一种奇异的轮廓。陆栖动物来到水下以后，一定会不认识它原来住过的那个世界，因为从水下向上看的时候，这个世界已经大大改变了样子。

水底的颜色是什么样的？

美国生物学家毕布曾对水底颜色的变化做过非常生动的描写：

乘坐潜水球进入水里，我们的视觉会发生变化，就像突然从一个金黄色的世界来到了一个碧绿的世界。入水时的泡沫和浪花很快就会消失，这时候我们的四周都是绿色的光。人脸、瓶罐甚至那黑色的墙壁也都被映照成了绿色。但站在甲板上的人只看到我们沉入了一片幽暗的绀青色的水里。

进入水里之后，我们的眼睛就无缘再见到一些光线，比如光谱上的暖色①光线，也就是红色和橙色的光线。在水底世界，红色和橙色好像是根本不存在的。就连黄色也很快被绿色吸收掉了。光谱中那些可爱的暖色光线——虽然只占可见光的一小部分，在30多米的深处消失了，剩下的就只有寒冷、黑暗和死亡了。

随着我们往下沉，碧绿的颜色也渐渐不见了；到了60米深处时，颜色已经很难说清了，不知道这水的颜色是绿中带蓝还是蓝中带绿。

在180米深处，发光的深蓝色笼罩着周围的一切。在这种光线下几乎无照明度可言，看东西变得越来越困难，读书写字都成了不可能的事。

在300米深处，我说不清这时的水是黑蓝色还是深的灰蓝色。按道理说蓝色消失了以后，代替它的应该是可见光谱里的紫色，可这里并没有出现紫色，紫色好像已经被吸收掉了。最后的一些近似蓝色的颜色，终于变成了不可捉摸的灰色。而灰色后来也让位给了黑色。到了这一深度，太阳是没有作用的，因为它根本就照射不到这里。在人类带着电光来到这里之前，这里在20亿年当中只是一片绝对的黑色。

这位探险家在另一段里对水下极深处的黑暗又做了这样的描写：

水下750米深处的黑暗，可以说比想象的还要黑，可是现在（在将近1000米的深处），四周显然黑得不能再黑了。看来，水面上的世界里的深夜，只能算是这里的黄昏。对"黑"这个字的使用，我从未像在这里，具有这样坚定的信心。

---

① 这里的"暖"，是画家用来描述颜色的，"暖色"是指红色和橙色，跟这相对的"冷色"指蓝色和青色。

第十章　视觉错觉

近在眼前的物体为何会看不到?

如果有人对你说,在你的视力范围之内,有一个物体就在你的眼前,可你却不能看到它,你肯定不会赞同他的说法。其实这是真的。我们的视觉器官确实有这样大的缺点,但是有些人一辈子也察觉不到。不管你信不信,这都是真的。我们可以做一个简单的实验来证明。

闭上左眼,把图107放在你右眼前方大约20厘米的位置,用右眼看左方的那个叉。将这个图慢慢地向着你的眼睛移动。当移到一定距离的时候,右方那个在两个圆的交叉处的大黑点,就会完全消失!这个点虽然还在你的视力范围里,你却不能看见它了,而黑点左右的两个圆圈你仍旧看得很清楚!

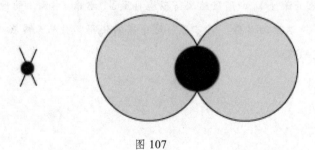

图 107

1668年,马里奥特首先提出这个实验,当然他的实验形式与我们的略微有些不同。马里奥特叫两个人面对面站着,两人之间的距离为2米,都用一只眼睛看旁边的某一点，这时候他们两人就会发现自己看不到对面人的头。这个实验曾经使路易十四的大臣们非常高兴。

直到 17 世纪，人们才知道眼睛的视网膜上有个盲点，在这以前没有人想到眼睛还会有这样一个缺陷。视网膜上这个盲点的位置，就在视神经穿过的地方，这里没有感光细胞。

我们平时没有察觉到视野里的这样一个盲点，是由于长期以来我们适应了它的存在。我们的想象力会不知不觉地用周围背景上的细节来弥补这个缺陷。譬如在图 107 里，即使我们没有看见这个黑点，我们的想象力仍会把那两个圆圈上所缺的部分给补出来，使我们自认为已经在这块地方看见了两圆相交的情形。

如果你戴眼镜，那么就可以做这样一个实验：在眼镜的镜片上贴一张小纸片，记住不要贴在正中，要贴在旁边。刚开始你会觉得这张纸片妨碍了你看东西，可是过一两个星期，你就会习惯它的存在，以至于完全忽略了它。就像有些人的眼镜片裂了缝，因种种原因不得不继续戴它，那这个人的遭遇也是一样的：在最初的一些日子里，他感到不习惯，但慢慢就无所谓了。由此可见，我们察觉不出自己眼睛里有盲点，也是长时间习惯的结果。此外还有一个重要的原因：每一只眼睛的盲点使人看不见的地方是不同的，所以在两只眼睛同时看东西的时候，在它们总的视野里，并没有什么看不见的地方。

有人会认为我们视野里的盲点并不大。但事实上，如果你用一只眼睛看 10 米以外的一所房屋（见图 108），那么由于盲点的存在，你不能看到的区域大约容得下一整扇窗，它的直径为 1 米多。如果你注视天空，也有一块地方看不见，它的面积大约等于 120 轮满月。

图 108

人们眼中的月亮为何大小不一？

月亮在人们的眼里或者说意识里有大小吗？如果问一下身边的人，月亮在他们眼里有多大，你会得到各式各样的回答。很多人的答案会是这样：月亮像盘子那么大。可是也有人会说，它像樱桃那么大，也许有一个苹果那么大，最大也就像一个装果酱的碟子那么大。有学生说，他眼中的月亮像一张可以围坐 12 个人的大圆桌那么大。一位现代作家说，空中有一轮"直径一俄尺"[①]的月亮。

同一个月亮，为什么它的大小在不同人的眼里会有这么大的差异呢？

月亮离我们相当遥远，而人们对距离的估计各有不同，且估计常常是无意识的，所以才会有各种各样的答案。认为月亮和苹果一样大的人所估计的距离，一定比那些认为月亮像盘子或圆桌那么大的人所估计的距离近得多。

在大多数人的眼里，月亮也就盘子那么大。针对这一普遍的看法，我们可以去计算一下（算法下文有介绍），要把"月亮"放在多远，它才会呈现盘子般大小，结果是月亮离我们的距离不超过 30 米。无形中有多少人把月亮带到了离我们这么近的地方！

---

① 1 俄尺等于 0.711 米。

生活中像这种因对距离估计错误而引发的"笑话"并不少见。记得在我小时候，"那时候一切生活上的印象对我来说都是新鲜的"，几次视觉上的错误让我现在还记忆犹新。我自小在城市里生活。有一年春天去郊外，我第一次看到牛。因为我对距离估计不正确，便觉得那群在草地上的牛非常小。可是，那次见到的"小"牛，我在以后的生活里再也没有看到过，当然，也绝不会再看到 [1]。

天文学家判断一个天体的视大小，所依据的是看到天体时视线所夹的角的大小。这个角叫作"视角"，它是由所看到的物体的两个极端引到眼里来的两条直线形成的（见图 109）。我们知道角是用度、分、秒来度量的。在说月球的视大小时，我们不说它像一个苹果或一个盘子大，而要说它等于半度。也就是说，从月面的两端引到我们眼里来的两条直线，会形成一个半度的角。这种确定视大小的方法才是唯一正确的方法，不会引起误会。

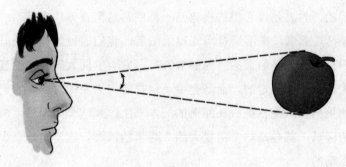

图 109

几何学告诉我们 [2]，物体离眼睛的距离如果是物体直径的 57 倍，这物体在观察者的眼里所形成的视角是 1 度。例如，如果把一个直径 5 厘米的苹果放在离眼睛 5×57 厘米的地方，它的视角就是 1 度。如果把这个距离加倍，它的视角就是半度，这也是月亮的视角度。换言之，如果月亮在你眼里跟苹

---

[1]　成年人有时会犯一样的错误。格里高罗维奇在小说《庄稼人》里写过这样一段话："附近的景象好像展现在掌上，树似乎就在桥旁边，房子、山岗和小桦树林，现在似乎都和村庄连在了一起，所有这一切，房子、花园、村庄——现在都好像是用藓茎当树、用玻璃片当河的小玩意儿。"

[2]　读者如果对有关视角的几何学算法感兴趣，可以在我写的《趣味几何学》里找到解释和实例。

果一般大，苹果必须离你的眼睛 570 厘米（大约 6 米）。如果你认为月亮的大小和盘子差不多，你必须把盘子放在离你大约 30 米远的地方。大多数人都不会相信月亮会如此小。可是如果你将一枚一分的硬币放在离你眼睛有硬币直径的 114 倍那么远的地方时，你会发现它恰巧能把月亮遮住。

如果有人建议你在纸上画一个圆圈来表示你肉眼所见的月亮，那这个要求是不够明确的：这个圆圈可大可小，它取决于你把它放在离你眼睛多远的地方。可是如果限制了这个距离就是我们平时读书看图的时候所保持的距离，也就是所谓的"明视距离"——对于普通的眼睛，这个距离等于 25 厘米，那么条件就明确了。

明确距离之后，我们就可以算一算，需要画多大一个圆圈在这本书上，才能让它和月面的视大小相等。算法很简单：只要用 114 来除明视距离 25 厘米就行了。得出来的是一个很小的数值，比 2 毫米稍微大一些！

我们总感觉月亮与太阳的大小是有差距的，可实际上，月亮和太阳的视大小是相等的，也就是说它们的视角是一样的，这简直难以置信！

你也许已注意到，在不经意间直视太阳后，我们的视野里会长时间有一个光圈在闪烁。这就是所谓的"光的痕迹"，它有着同太阳一样的视角。但是它们的大小却不是固定的，而是会变动：在看向天空的时候，它们同日面一样大；如果你把眼光移到放在面前的一本书上，那这个太阳的"痕迹"在纸上所占的区域，就会是一个直径大约 2 毫米的圆圈。这清楚地证明了我们的计算是正确的。

物体的大小与距离有什么关系？

如果我们按照一定的比例将大熊星座画在纸上，最后我们得到的图就会像图 110 那样。在明视距离内看这张图，效果和在天空中看到的一样。所以可以说，这就是一张照天然视角的比例所画的大熊星座图。如果你对这个星座——无论是天空中的实体，还是书本上的图画——有很深的印象，只要看到这张星座图，相信你就会想起这个星座。如果你清晰地记得所有星座的各个主星之间的角距（这些数据可以在天文年历和类似的参考书里找出来），你就可以用"天然比例"画出一幅完整的天文图来。画的时候为了精准，可以准备一张每格 1 毫米见方的方格纸，并把纸上每 4.5 毫米当作一度就成了（用来表示星球的圆圈的面积，应当比照着亮度来画）。

图 110

接下来我们谈一谈行星。行星的视大小其实同恒星一样，小到在肉眼看来只是一些光点。这也是可以理解的，因为每一颗行星在肉眼里的视角都不会超过一分，当然这里要将金星排除在外。也就是说，很少有行星在肉眼里的视角会达到可使我们分辨出物体大小的临界视角（在比临界视角更小的视角里，每一个物体对我们来说都只是一个点）。

下面列出了部分行星的视角，每一个行星对应两个数字，第一个数字是这个行星离地球最近时的视角，第二个是最远时的视角。

	视角（秒）
水星	13 ~ 5
金星	64 ~ 10
火星	25 ~ 3.5
木星	50 ~ 31
土星	20 ~ 15

这些数值太小了，以至于想照"天然比例"把这些行星画在纸上都不可能。即使视角是 1 分（也就是 60 秒）的星体，在明视距离里画出时直径也只有 0.04 毫米，这么小的点肉眼自然是无法分辨的。为此我们不得不按照在放大 100 倍的天文望远镜里所见的行星圆面来画。图 111 就是在这种放大的情况下画成的一张行星视大小的图。图下方的那条弧线代表在放大 100

倍的天文望远镜里的月面（或日面）的边缘。在这条弧线上面是水星离地球最近和最远时的大小。再上面是在各种位相里的金星。它离我们最近的时候是完全看不见的，因为那时候它是用没有照到日光的一面朝着我们的[①]。后来我们渐渐可以看到它狭窄的月牙般的形状，所有行星的"圆面"没有比这更大的。在以后的位相里，金星越来越小。在它满轮的时候，它的直径只有在月牙形时的 $\frac{1}{6}$。

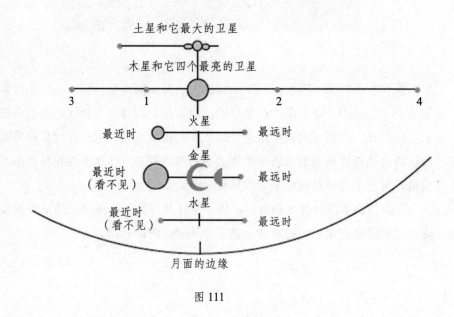

图 111

图片里火星位于金星的上面。左方是在它离地球最近的时候用放大 100 倍的天文望远镜看见的大小。在如此小的圆面上，人们能看到什么呢？将这个圆圈再放大 10 倍，就是天文学家用放大 1 000 倍的强大天文望远镜观察火星的时候所得到的图像。即使放大到如此程度，可在人们看来，上面的东西依然是很"拥挤"的。怪不得某些观察者提出的证据会同别人指出的不一致，或者某些人认为是清楚地看见了的东西，在另一些人看来不过是光学上的幻觉……

---

① 在此位置，我们只能在金星以黑点的形式投射在日面上（即所谓"金星凌日"，也就是地球、金星、太阳在一条直线上的现象）时看到它，但这种情况非常少见。

木星和它的那些卫星是这里最大的了，在图中很容易找到，毕竟它最大。它的圆面比其他行星大得多（月牙形状的金星除外），而它的四个主要卫星并排在一条直线上，占据的宽度几乎等于月面直径的一半。图中所画的是木星离地球最近时的大小。最后是土星和它的环，以及它最大的一个卫星（泰坦），它们在离地球最近的时候也是很容易被人们看到的。

读者现在应该明白了吧，我们见到的每一个物体，如果认为它离我们比较近，那么看上去就会觉得它小。相反，如果由于某种原因，我们过大地估计了物体离我们的距离，那么这个物体在我们眼里就会变得相当大。

爱伦·坡有一篇很有启发性的描写错觉的故事，初看好像很不可信，但这篇故事并不都是虚构的。我自己也曾经上过这种错觉的当，饱受了一场虚惊。读者当中一定也有许多人可以从自己的生活里找到类似的情况。

那一年纽约霍乱流行，情况极其可怕，当时一位亲戚请我去他的别墅住两星期。在那个非常时期，每天都会有可怕的消息从城里传来，如果不是这样，在这幽静的别墅里，我们应该会过得很好。几乎每一天我们都会收到某个相识的人病死的消息，以至于到最后几天我们看报纸的时候都是提心吊胆的。仿佛从南方吹来的风都充满了让人惶恐的死亡的气息。为此我心惊胆战地度过每一天。值得安慰的是亲戚很镇定，总竭力安慰我。

有一天傍晚时分，虽然太阳快要落山了，可天气依然很热，我坐在开着的窗子前面拿着本书在看。窗外是河以及远处的小山。虽然拿着书，可我的心早已飞向了远方，飞回那充斥着凄凉和绝望的城里去了。不经意间，我抬起头看了看窗外那个小山裸露的山坡，就在这时一个奇怪的东西突然出现在视野里：从小山顶上爬下一个丑恶的怪物，它很快就消失在山脚下的森林里。在看到怪物的时候我还很怀疑我的理智——至少在怀疑我的眼睛是不是不正常。我冷静了几分钟以后，才确信那是真实的，绝对不是我的幻觉。我清楚地看见了这个怪物，因为我在它从山上往下走的时间里仔细地观察了它。即使我把它描写出来，相信人们也不会轻易相信的。

我以一些大树的直径做参照物对比过这个怪物，想以此来确定它的大小。我坚信任何一只战舰都没有它大。之所以拿战舰做对比，是因为这个怪物长得就像一艘船。如果你见过装有 74 门炮的战舰，那么你对这个怪物的轮廓就会有十分清楚的概念了。怪物长着一根吸管形状的嘴巴，这个吸管长达六七十英尺，有普通的大象身体那么粗。一丛丛很密的绒毛长在吸管的根部，两根发亮的长牙从毛里伸出来，这长牙像野猪的牙一样向下面和旁边弯曲着，但是比野猪的牙大得多，可以说是硕大无比。在吸管两旁还长着两只三四十英尺长的笔直大角，这角看来好像是透明的，因为它们在阳光下闪闪发亮。这怪物的躯干是一个顶端朝地的楔子形状，长达300英尺的翅膀长在背上，这样的翅膀有两对，一对叠在另一对上面。翅膀上还有一些直径10～20英尺的金属片密集地镶嵌着。可是这个可怕的怪物的主要特点，还是它那几乎遮住整个胸部的下垂的头，它那耀眼的白色，在黑色的胸部的衬托下，显得非常清楚，好像画出来的一样。

就在我以畏惧的心情观察着这个怪物，注视着它那恐怖的胸部的时候，它毫无征兆地张嘴大吼了一声……我绷紧的神经一下受不了了，随着怪物消失在山脚下的森林里，我也昏倒在地上了……

我在苏醒以后马上找来朋友，将所看到的事情说给他听。他听完我的讲述后，坚称那是我在精神恍惚时产生的幻觉。他先是哈哈大笑，然后神色又变得十分严肃。

就在我们对话的时候，那个怪物又出现了，我指着怪物高声让我的朋友看。虽然我之前已经详细地告诉了他怪物的位置，可是他什么都没有看到。

因为恐惧我用双手遮着脸。当我把手拿开时，怪物已经不见了。

朋友问我那怪物长什么样子。于是我详尽地告诉了他怪物的样子。听完后他长长地出了口气，如释重负的他走到书橱旁边，拿了一本博物教科书。因为光线不好，看不清书里的小字，于是我们换个地方来看。坐在椅子上，他打开书对我说道：

"如果不是你把怪物描述得这么详细，我还真不知道你到底遇见了什么东西。现在先让我给你读一段这本教科书关于昆虫纲鳞翅目天蛾科里的一种天蛾的描述。你听：

"两对带薄膜的翅膀，翅膀上满盖着有金属光泽的带颜色的小鳞片。口器是伸长了的下颚形成的，在它们的两旁有长着柔毛的触角的原始体。下面的翅膀同上面的翅膀是用坚固的细毛连在一起的。触须像三棱形的突起。腹部是瘦削的。天蛾的头挂在胸部。它会发出一种悲哀的鸣声，所以在民间有时候把它看作灾祸的象征。[①]"

读完后他合上了书，像我刚才那样靠在窗上向外看。

"啊！原来就是它！"他叫道，"只不过它现在正沿着山坡往上爬，我必须承认它的样子的确很奇怪。不过它的身体并没有你描述的那么大，而且离我们也不那么远。它被我们这窗子上的一条蜘蛛丝缠住了，现在正往上爬呢。"

图 112

显微镜为什么能放大？

关于这个问题，最常听到的答案是这样的："物理学教科书里说过它是按照一定的方式改变光线的进路。"这个答案并不完整，因为它还没有说出问题的本质。那么显微镜和望远镜能够放大的根本原因究竟在哪里呢？

我知道它的根本原因，而这并不是从教科书里学到的。那时我还是一个小学生，有一次我发现了一种极有趣的现象，怎样想也想不通，后来又偶然间理解了。当时我坐在玻璃窗旁边，眼睛看着小胡同对面的一所房屋的砖墙。突然我清楚地看见砖墙上有一只好几米宽的人眼在瞪着我……太恐怖了，吓得我赶紧躲开了。那时候我还没有读过爱伦·坡的故事，也不知道这只恐怖

---

① 现在这种蛾属于人面蛾属，是少数能够发声的蛾。它的声音像老鼠叫，是唯一能从口器发声的蛾。它发出的声音很大，隔着几米也能听见。在文中的情况下，观察者听见的叫声应该很大，因为观察者认为声源离得很远。

的大眼睛是自己的眼睛在窗玻璃上的像，自然而然地将这看作是在很远的墙上出现的，而且还把它估计得那么大。

当明白了这是怎么一回事以后，我就想根据产生这种错觉的原理来制造显微镜。试验证明这是不现实的，失败后我明白显微镜放大作用的本质并不在于它能使被观察的物体显得尺寸大一些，它的本质是扩大了我们看物体的视角。这是最重要的一点，这使得物体的像能够在我们的视网膜上占据比较大的区域（见图113）。

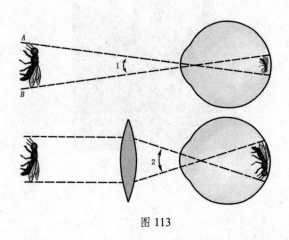

图 113

视角的作用在这里为什么这样重要呢？说到这里，我们就要了解眼睛的一个重要特点：我们在看一个物体或者它的一部分的时候，如果是在比一分小的视角里看它，那它对正常的眼睛来说就会聚成一点，使我们既看不清它的形状，也不清楚它一共有多少部分。当一个物体与我们眼睛的距离远到（或者物体本身小到）一定程度，使这个物体的全部或一部分在我们眼睛里的视角比一分还小，这时候我们就不能分辨出它结构上的细节了。其原因在于：在这样小的视角里，物体（或物体的任何一部分）在视网膜上的像不能同时接触到许多神经末梢，而只能全部落在一个感觉细胞上。这时候，形状和结构上的细节都消失了，我们看到的只是一点。

显微镜和望远镜的作用是改变所观察的物体发出的光线的进路，这样我们在观察物体的时候就会有比较大的视角。于是，视网膜上的像就能接触到更多的神经末梢，这时我们就能分辨清楚物体上这些原本看起来聚成一点的细节了。"显微镜或望远镜放大 100 倍"[①]这句话的意思不是将物体放大了，而是这种仪器使我们观察物体的视角变成了没有它的时候的 100 倍。假如光学仪器不能放大视角，那么即使我们觉得看到的物体变大了，其实也并没有放大什么。我觉得砖墙上的眼睛是很大的，但是我不能在这个反射形成的像里看到比在镜子里看到的更多的细节。月亮离地平线近的时候，我们觉得它比起在半空中要大得多，但是在这个看起来比较大的月面上，我们能够更清楚地分辨更多细节，哪怕只是多一个黑点吗？

爱伦·坡在故事《天蛾》里描写过那种放大的蛾，但在这个放大了的天蛾的像里我们不能看出任何新的细节来。这只天蛾的像无论是放到很远的树林里，或是移近到窗框上，我们看它的时候角度都是一样的，而且视角也没有改变。既然视角没有改变，那么无论这个物体的像有多么大，它也不会有什么新的细节。作为一个真正的艺术家，爱伦·坡甚至在故事的这一点上，也是忠实于自然的。不知道你有没有注意他是怎样描写森林里的"怪物"的。在他所列举的天蛾的那些细节里，没有一样是我们用肉眼观察的时候不能看到的新东西。故事有意把天蛾描写了两次。如果把它们拿来比较一下，你就会看出它们之间的区别只是在字句的表达上（直径是 10 ～ 20 英尺的金属片——有金属光泽的带颜色的小鳞片；两只笔直的大角——触须；像野猪一样的长牙——长着柔毛的触角；等等），至于肉眼所分辨不出的任何细节，在第一次描写里也没有提到。

如果显微镜的作用只是上面所说的那种放大，那它就只是一种玩具，对于科学毫无用处。可是我们知道，实际情况并不是这样。显微镜在人类面前打开了一个新的世界，使我们天然视力的极限向前推进了一大步。

俄国科学家罗蒙诺索夫在《谈玻璃的用处》里写道：

> 尽管自然界赋予了我们锐利的目光，
> 但是它的力量实在有限。
> 不知有多少生物由于身体微小，
> 我们的视力怎么也看它不见！

[①]　光学显微镜的最大放大倍率约为 2 000 倍，超过 2 000 倍时属于无效放大，不能使分辨率超过分辨极限。而现代电子显微镜的最大放大倍率超过 300 万倍。——译者注

但是在"现代"，显微镜帮我们揭示了看不见的极小生物的构造：

> 它们用来维持生命力的肢体、关节、
> 心脏、血管和神经是多么细小！
> 小蠕虫身体构造的复杂程度，
> 并不比大海里的巨鲸差多少……
> 显微镜所揭露的看不见的微粒，
> 和身体里的细小血管，真是没完没了！

写到这里大家应该已经明白其中的道理了吧。为什么爱伦·坡故事里的观察者在怪蛾身上看不到的"秘密"，借助显微镜却能够看到？把上面所讲的总结一下就知道，因为显微镜并不是简单地使物体的形态放大，它主要是使我们在比较大的视角里看物体。由于视角的加大，在我们眼睛的视网膜上就会出现物体的放大像。这个像能作用在数目更多的神经末梢上，使我们感官得到的视印象的数目增多。说得简单一些，显微镜所放大的不是物体，而是它们在我们视网膜上的像。

人们为什么会出现错觉？

有时我们会听到"视错觉""听错觉"等说法。真的是眼睛和耳朵出错了吗？其实这些说法是不正确的，因为感觉器官是不会有错觉的。哲学家康德说得好："感官不会欺骗我们，并不是因为它们一直保持正确的判断，而是因为它们根本不会判断。"

可为什么有时人们会产生错觉呢？这个时候到底是谁在欺骗我们呢？是接收信息并最终执行判断的大脑。事实就是如此，在很多视错觉产生的时候，我们不但在看，我们的大脑也在不知不觉中进行判断，无意间将自己引上了迷途。所以从根本上讲这是判断上的错误，而不是感官上的错误。

在两千多年前，古罗马诗人卢克莱修就曾经写过这样的诗句：

> 我们的眼珠也不认识实在的本性，
> 所以请别把这心灵的过失归于眼睛。

下面是一个大家都知道的视错觉的常见例子。图114里的（b）好像比（a）要宽一些，但其实它们是在同样大小的正方形里。我们之所以有这样的视觉感受，是因为在估计（a）的高度的时候，会不自觉地把各个间隔加起来，从而认为这个图形的高度比宽度更大——两者实际上是一样的。反过来，由于同样的不自觉的判断，（b）的宽度又好像比高度更大些。

由于同样的原因，图115的高度也似乎比它的宽度要大些。

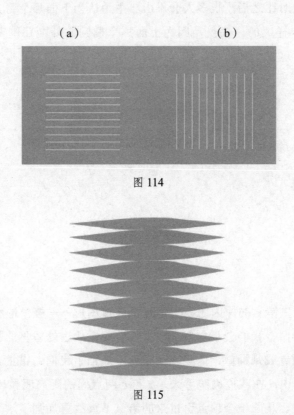

图114

图115

一些较大的图案不能一眼看完，这时如果我们应用刚才提到的视错觉理论，得到的错觉又会和前面所得到的相反。这就像服装的搭配，有横条纹的服装是非常不适合身材矮胖的人穿的，因为他需要穿显瘦的衣服，而横条纹只会让人显得更胖。为了显瘦，他可以穿一身有直条纹和褶皱的服装，那样效果会更好。

该如何解释这种现象呢？其原因是很简单的，当我们看这种带条纹的服装的时候，眼睛是不能一下将它看完的，我们的眼睛必然会不自觉地顺着条纹去看。眼睛里的肌肉一用力，就迫使我们在不知不觉中把物体在条纹方向上看得过大。我们已经习惯于把视野里容纳不下的大物体的概念同眼睛肌肉用力联系在一起。当小的条纹图案出现在我们视野的时候，我们的眼睛就会留在原处不动，这样眼睛的肌肉也不会感到疲劳。

在图 116 里有两个小椭圆，哪个更大呢？是下面的那个，还是上面里面的那个？稍做对比之后，很多人会不由自主地认为下面那个更大。可实际上两个椭圆是一样大的。仅仅是因为上面那个椭圆的外面还围着一个大的椭圆，就造成了这样一种错觉，使人认为上面那个椭圆比下面那个要小一些。

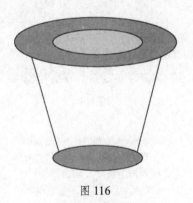

图 116

其实，产生错觉的原因还在于这是个立体图形——整个形状像一只桶。对于这三个椭圆，我们会不由自主地将其看成是从远处望见的圆，而侧面的两条直线会被看成是桶壁，这些都在无形中加强了我们的错觉。

在图 117 中，在我们肉眼看来，a 和 b 两点间的距离明显比 m 和 n 两点间的距离更大。从同一个顶点引过来的第三条直线更加强了这个错觉。

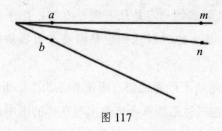

图 117

用眼睛看，还是用大脑看？

大多数视错觉就像我们说过的一样，其实是由我们在看的时候不知不觉地进行判断而引发的。生理学家说过，"我们不仅仅是在用眼睛看，更主要是在用脑子看"。如果你对某些幻象很熟悉，而你又有意识地把想象力加到看的过程中，那么你最终就会得到这些幻象。如果是这样，那你应该就会同意上面的观点。

请仔细看一下图 118。当我们将这张图拿给别人看的时候，通常会得到三种回答：有人会说这是楼梯，也有人会说这是凹入的壁龛被从墙壁上挖了出来，还有人觉得这张图画的是一条折成手风琴褶皱状的纸条，并且说这纸条是斜放在一块白色方块上。你看到的是什么？是楼梯，是凹入的壁龛，还是一条折成手风琴褶皱状的纸条？

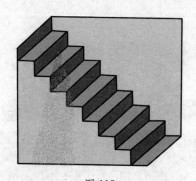

图 118

这三种答案都是对的，是不是很奇怪？因为如果从不同的方向去观察这张图，那么看到的东西也是不尽相同的。详细点说，就是看图的时候，如果你会看到一个楼梯，那么你一定是先把视线对准了图的左边部分；如果你看到的是壁龛，那么你一定是从右向左看的；如果你看到的是一条手风琴褶皱状的纸条，那么你的目光一定是跟着对角线从右下角向左上角斜着看过去的。

这都是一瞬间或者说不经意地扫一眼所看见的。如果你长时间地看，注意力就会分散，那么这三种东西就会轮流出现在你的眼中，一会儿是第一个，一会儿是第二个，一会儿是第三个，好像你已经控制不住自己的眼睛。

同理，图119中的立方体是怎样排列的呢？是上面有两个立方体，还是下面有两个立方体？

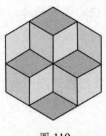

图 119

图120里的错觉是不是很有趣？直觉告诉我们 A、B 之间的距离比 A、C 之间的距离短。其实它们也是相等的。

图 120

有些视错觉我们能够解释清楚，可有些我们并不明白其中奥秘。因为连我们自己有时也不清楚究竟是哪一种推理在不自觉地支配着我们的脑子进行思考，最终产生这样或那样的视错觉。在图 121 中可以清楚地看出两条弧线相对着凸出。这一点想必大家是没有疑问的。可是将一把直尺放在这两条想象的弧线上，或者把这张图放在同眼睛一样的高度，然后顺着线看，那你就会看出这两条线都是直的。解释这种错觉并不容易。在下面两种情况下这个错觉就会消失：第一，把这张纸拿到和眼睛一样的高度，然后顺着线去看；第二，把铅笔的一端放在图上的任意一点，集中目光看着一点。

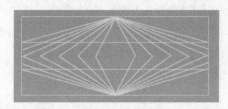

图 121

这类错觉的例子是很多的，我们不妨多看几个。图 122 中的直线看上去好像被分成了几段不等长的线段，可是测量后你就会发现，这几个线段的长度是相等的。图 123 和图 124 中的平行直线看上去好像是不平行的。图 125 中的圆看上去好像是个椭圆。有趣的是，如果你把使你产生错觉的图 122、图 123 和图 124 放在电火花的光下看，它们就不能再欺骗你的眼睛了。显然，这些错觉和目光的移动有关，在电火花短时间发光的情况下，目光是来不及移动的。

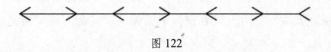

图 122

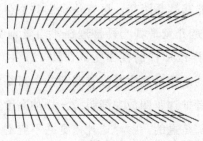

图 123

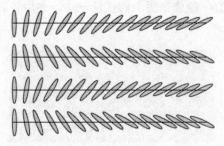

图 124

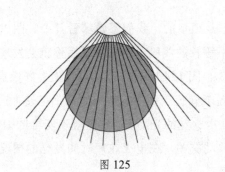

图 125

图 126 也是一个有趣的错觉。你觉得图中哪边的短横线比较长，是左边那些还是右边那些？左边一组看来似乎更长，但实际上两组线是等长的①。这种错觉叫作"烟斗"错觉。

有不少人对这些有趣的错觉做过许多解释，可答案并不能使人很满意，鉴于此，我不打算在这里说它们了。可是有一种解释是十分贴切的。它说产

①　顺便提一提，这个图是几何学上著名的卡瓦列里定律的图解（"烟斗"的两部分所占的面积是相等的）。

生这些错觉的原因都隐藏在无意识的判断里；人脑常在不知不觉中"卖弄聪明"，结果就会使我们看不到实际的情况。

图 126

画上画的是什么？

你能猜出图 127 画的到底是什么吗？一开始，你可能会说"这是些黑白点组成的网格"；但如果你将这本书立在桌子上，然后后退三四步看它，就会发现图中画的是一个女子的侧脸；可当你再次近距离观看时，它又变成了什么也看不出来的网格……

图 127

你也许会觉得这种巧妙的"把戏"必是哪一位天才的雕刻家想出来的。根本用不着什么天才雕刻家，这不过是一种错觉造成的。看铜版图的时候，我们经常会看到这类图。书上和杂志上的图画看上去常常是连成一片的，但如果你用放大镜来观察，就会发现这些图片变成了跟图 127 一样的网格了。我们看不出东西来的这张图画不是什么精心创作的作品，它只是普通铜版图放大 10 倍后的一部分。书籍和杂志上的图画网格非常小，你在近距离看它时分不清单独的格子，看到的是一整幅图，这是因为你看书的时候，眼睛离书的距离就能使你得到这种视觉效果。将格子扩大后，想要得到同样的视觉效果，你必须站在比较远的地方观看。

行驶的汽车上车轮为何没转？

不知大家是否注意过汽车的轮胎，无论你是透过栅栏间的缝隙，还是在电影上观看飞速行驶的货车或汽车的轮辐，如果你细心观察的话，就会发现这样一种怪现象：汽车快速地向前行驶，可汽车的轮子却好像是在慢慢地转，甚至根本就没转。更奇怪的是这些车轮有时候甚至还是朝着相反的方向转！在观看电影时这种情况会比透过栅栏看更加清楚。

大家在意识到这个问题时都会觉得很奇怪，为什么会有这样的错觉呢？

其实，当你沿着栅栏一边走一边观察车轮旋转的时候，你是不能连续地看见那些轮辐的，总是隔一定的时间看到它们一次。栅栏的木板会隔断视线，而且是有规律地隔断视线。看电影时，我们见到的车轮画面也不是连续的，而是有一定的时间间隔，基本是每秒 24 张画面。

这里可能有三种情况发生，下面就让我们逐个来研究。

第一种可能出现的情况是，在视线被隔断的时间里，车轮正好转完整数转。这个整数是多少并没有关系，不管是 2 还是 20，只要是整数就可以。这样当前画面上车轮的那些辐条所在的位置同它们在前一张画面上的位置完全相同。在下一个时间间隔里，车轮又转了整数转，这里我们假设时间间隔的长短和汽车的速度都是不变的，于是轮辐的位置还是同以前一样。这样人们所看到的轮辐自始至终都在同一位置上，因此给人的视觉感受是这车轮根本就没有转动（如图 128 中间一列所示）。

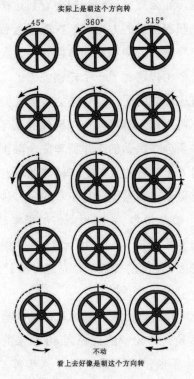

图 128

第二种可能的情况是在每一个时间间隔里，车轮转完了整数转后，还继续向前转了小半转。看到这种变换着的画面时，我们会忽略掉车轮的整数转数，只注意到车轮每次只转了一周的一小部分，于是感觉它在慢慢地转。这样给人的错觉就是汽车行驶得很快，可车轮却转得慢极了。

第三种可能的情况是，在两次摄影的时间间隔里，车轮来不及转完整一转，每次离一整转还差一小部分，例如它只转了 315°，像图 128 第三列所画的那样。这时候，任何一条轮辐看起来都好像是在朝着相反的方向转。这种错觉会一直持续下去，直到车轮改变它的旋转速度为止。

这个解释还需要加一些补充说明。在第一种情况里曾经说到车轮转了整数转，其实，因为车轮上所有的辐条都是相同的，所以只要让车轮转完整数个的"轮辐间空隙"也就足够了。这一点在另外两种情况里也同样适用。

但是还有另外一种情况可能会发生。如果在轮缘上做上记号，而所有的轮辐都是同一个样子的，那么有时候我们就会看到这样的情况：轮缘在朝着一个方向转，而轮辐在朝着相反的方向转！在轮辐上做上记号之后，会发现这些轮辐可能朝着同记号转的方向相反的方向转，给我们的感觉是记号仿佛是在轮辐间跳跃，从一个轮辐跳到另一个轮辐上去。

如果电影中拍摄的是普通场面，这种错觉对于人们认识事物的真相不会有太大妨碍。而如果想在银幕上解释某一种机件的工作原理，那这个错觉就会引起严重的误解，甚至会把机器的工作原理完全颠倒过来。

当你在银幕上看到飞速前进的汽车的车轮好像没有动的时候，在确定了轮辐的数目以后，你就可以很容易地计算出车轮每秒钟大约转多少转。电影胶片通过机头的速度一般是每秒 24 张画面。如果车轮的辐条有 12 根，那么这车轮每秒钟旋转的转数就等于 $24 \div 12 = 2$，或者说在 $\frac{1}{2}$ 秒转了一整圈。不过这应该是最少的转数。实际的转数可以是这个数目的整数倍，比如两倍、三倍等等。

这时如果将车轮的直径测量出来，那么汽车的前进速度就可以计算出来了。举个例子，如果这是一台轮子的直径为 80 厘米的汽车，那么这台汽车的速度大约是每小时 18 千米、36 千米、54 千米等等。

根据看到的错觉，我们在理论上能够计算出轴的转速。让我们把这个方法所依据的原理解释一下。使用交流电的电灯的光，实际上是不稳定的，每隔 $\frac{1}{100}$ 秒就会变弱一下，这种光的闪烁在一般情况下人们是不会察觉到的。现在假设我们在用这种光照射图 129 那样的转盘。假设这个转盘转 $\frac{1}{4}$ 周正好需要 $\frac{1}{100}$ 秒，就会出现一种有意思的现象：我们看到的不是通常情况下所见到的灰色的圆盘，而是一个黑白相间的圆盘，而且这个圆盘好像还是静止的。

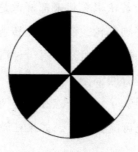

图 129

造成这种现象的原因，我想读者研究了汽车轮子带来的错觉以后一定会明白。至于怎样利用这种现象来计算旋转轴的转速，自然也是很容易想到的。

技术上的"时间显微镜"

在《趣味物理学》一书中，我们讲过一种利用电影的原理制作的"时间放大镜"。这里我们要讲一种根据上一节讲过的现象得到类似效果的方法。

我们知道，当黑白扇形相间的圆盘（见图129）每秒钟转25转时，如果用每秒钟闪烁100次的电灯照射，人们在观察它的时候就会觉得它好像是静止的。现在让我们将灯光闪烁的次数调为每秒钟101次。在灯光闪烁的次数增加的情况下，在前后两次闪烁的时间间隔中，圆盘还能和以前一样正好转完$\frac{1}{4}$周吗？也就是圆盘还来得及回到它原来的位置吗？

毫无疑问，它是回不到原位了，我们会看到它落后了$\frac{1}{100}$周。在灯光第二次闪烁的时候会看到它又落后了$\frac{1}{100}$周。以此类推，在我们的视觉里，这个圆盘好像是在往后转，每一秒转一周，转速好像只有实际的$\frac{1}{25}$。

如果想看出同样慢的运动，但是在与实际相同的方向上而不是在相反的方向上，应该怎么办呢？这时我们就要调节灯光每秒闪烁的次数——不是增加闪烁次数，而是要减少闪烁次数。比如将灯光的闪烁次数调成每秒99次，我们就会觉得圆盘是在向前转，每秒钟转一转。

这时我们就有了将运动放慢到只有原来的$\frac{1}{25}$的"时间显微镜"，当然也可以通过调节得到比这更慢的运动。例如，如果把灯光闪烁的次数调到每10秒钟999次（也就是每秒钟99.9次），那么我们就会觉得圆盘好像是10秒转一周，也就是说转速只有原来的$\frac{1}{250}$。

我们上面所讲的方法可以应用到任何一种迅速的周期运动中，使它看上去的速度降到我们所希望的程度。在研究机件极快的运动时，我们可以运用这个方法，这样会带来很多便利，即用"时间显微镜"把它们变慢到

实际速度的 $\frac{1}{100}$、$\frac{1}{1000}$ ①。

下面介绍一种测定枪弹飞行速度的方法，它也是根据转盘的转速可以精确地测出的理论想出来的（见图 130）。首先用硬纸板做一个圆盘，在盘面上画上黑色的扇形，并且将它的边缘折转，这样圆盘就成了打开的圆筒形盒子的形状。然后把圆盘装在一个快速转动着的轴上。对准这个圆筒形盒子的直径开枪，子弹会将盒子打穿，产生两个弹孔。如果这个盒子是不动的，那这两个弹孔应该在一条直线上。可这个盒子是旋转着的，在子弹从盒子这边飞到那边的这段时间里，盒子依然在转动，子弹飞出盒子的地方就不会是同一条直径上的 b 点，而是 c 点。盒子的转速和它的直径是已知的，因此就可以根据 b、c 两点间的弧长来计算枪弹飞行的速度。这是一个简单的几何学问题，只要有一定的数学基础，应该就不难把它算出来。

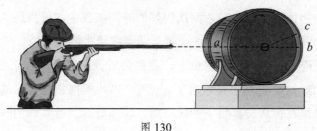

图 130

电视也是错视觉的应用？

尼普科夫圆盘是最初的电视里的一种装置，这种圆盘归根结底也是视错觉在实用技术上的一种应用。图 131 所示是一块厚实的尼普科夫圆盘，在它的边缘附近钻有 12 个直径都是 2 毫米的小孔。这些小孔的排列是有规律的，它们均匀地排列在一条螺旋线上，每一个孔都比相邻的前一个孔离盘的中心近 2 毫米。如果不是刻意去看，我们也不会觉得这样的圆盘有什么特别。我们将圆盘安装在一个转轴上，然后在它前面安一个小窗，在它后面放一张

---

① 根据本节的原理，科学家已经制成了一个实用的仪器——频闪观测器，用来测定各种快速变化过程的频率，这种仪器十分精确，比如电子频闪观测器可以精确到 0.001%。

大小同小窗一样的画片，如图 132 所示。当圆盘快速地旋转起来时，我们就会发现有这样的情况：在圆盘不动的时候，我们看不到后面的画片，可当圆盘转动的时候，我们透过小窗可以非常清楚地看到画片。圆盘的转动变慢时，那张画片看起来是模糊的；圆盘转得越慢，画片越模糊；当圆盘完全不转时，整个画片也就看不见了。这时候，你只能看到那直径 2 毫米的小孔允许你看到的那一点画面。

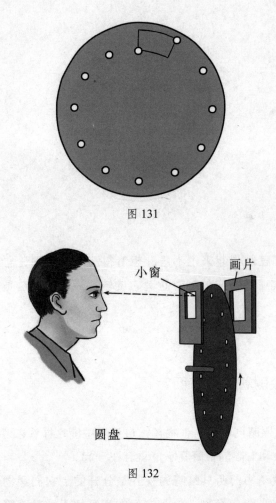

图 131

图 132

这个圆盘为什么会产生这样稀奇的作用呢？我们慢慢地转动圆盘，同时通过小窗细看小孔逐一经过小窗时的情况。离中心最远的小孔经过的路线离小窗的上部边缘最近。如果圆盘转动得非常快，从这个小孔我们就能看到画片最接近上部边缘的整条画面。第二个小孔比第一个小孔低，它迅速地通过小窗的时候，我们能看到同第一条画面相连接的第二条画面。从第三个小孔我们能看到第三条画面，等等（见图133）。在圆盘转得足够快的时候，我们就能看到整幅画面，就好像我们对着小窗在圆盘上开了一个同样大小的洞一样。

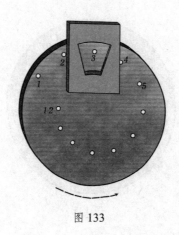

图 133

尼普科夫圆盘制作起来也不难。想看得清晰就必须让它快速旋转，我们可以把一根绳子缠在它的轴上拉动它旋转，最好的办法是用小型电动机来带动。

兔子为什么会侧着头看东西？

人能够两只眼睛同时看一件物体，自然界中能这样看东西的生物并不是很多。人类左眼和右眼的视野几乎能重合在一起。

但是大多数动物的两只眼睛的视野是分开的。它们看物体时在轮廓上和人类所看到的并没有分别，但是它们的视野比人类的视野要宽得多。图134中画着人的视野：每一只眼睛在水平方向上能够看到的最大角度都是120°，并且在眼睛不动的情况下两个视野几乎是重合的。

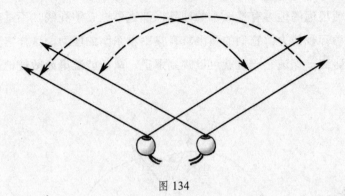

图 134

　　我们可以将它与图 135 中所画的兔子的视野比较一下。兔子不需要转头就能够看见前面和后面的东西。因为它们左右两眼的视野是分开的，于是前面和后面的事物都能进入它的视线范围！这就是我们无论从哪个方向悄悄接近兔子都会被发现的原因。通过图示我们可以清楚地看出，兔子虽然视野开阔，可是它看不到自己鼻子前面的东西。如果要看十分近的东西，它就必须把头侧过来。

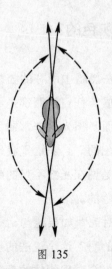

图 135

　　这种"环"视的能力是所有蹄类和反刍类动物所具备的，几乎没有例外。图 136 画的是马的双眼的视野：它们在后面不能会合，但是马想看后边的事物时只需把头稍微歪一下就可以了。尽管这样看到的物像不是很清楚，可是四周即使很远的地方有什么小的动静，都逃不过它的视线。不过肉食动物却没有这种环视能力，它们的两眼具有集中看东西的能力，这样它们能够准确地估计距离，保证它一跳就可以跳到那里，从而能准确而敏捷地去袭击其他小动物。

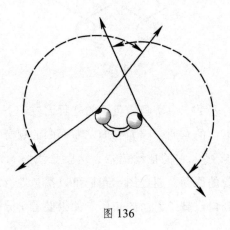

图 136

猫在黑暗中为什么都是灰色的？

物理学家会这样说："在黑暗中所有的猫都是黑色的。"为什么会这么说呢？因为在没有光亮的时候，任何东西都是不能被看见的。可是俗语里的黑暗并不是指完全没有光，而是指光线非常弱。所以这句话的正确说法应该是"在夜里所有的猫都是灰色的"。在这里我们不去深究这句话的喻义，单纯地看它字面上的意思，就是说在光线不足的时候，我们的眼睛不容易分清颜色，所以猫看上去都是灰色的。

那么这个说法到底对不对呢？如果这句话是对的，那岂不是说在昏暗的地方红旗和绿叶都会是灰色的吗？这个说法的正确性是很容易判断的。我们在黄昏（光线弱）时看物体，会发现物体的颜色的确是有一些变化，一切物体看上去或多或少都要呈现出深灰的颜色，无论是红色的被子、蓝色的糊墙纸，还是紫色的花、绿色的叶，一切物体呈现出的都是这样的特性。

契诃夫的著作《信》里曾写道："窗帘落下以后，阳光照射不进来，室内就像是进入了黄昏时分，大花束里各色的玫瑰花，也好像变成了同一种颜色。"

契诃夫的这一观察得到了精确的物理实验的完全证实。如果用很弱的白光来照射涂有颜色的表面（也可以用颜色很弱的光线来照射白色的表面），慢慢增强照明度，一开始眼睛只会看见简单的灰色，分辨不出其他任何颜色。只有在照明度加强到一定程度的时候，眼睛才能开始看出这个表面的颜色。照明度的这一临界点叫作"色感觉下阈"。

这么看来，上面这句俗语（多种语言里都有这句俗语）单纯看字面上的意思是完全正确的，照明度在比色感觉下阈更低的时候，一切物体看上去都是灰色的。

科学家还发现有所谓的色感觉上阈——照明度持续加强，当光线太强的时候，眼睛也会分不清颜色，那时所有带颜色的表面看上去都变成了白色。

第十一章　声音和声波

谁先听到钢琴的声音？

声音的传播速度大约只有光速的一百万分之一。无线电波的速度和光的传播速度是一样的，这么一看声音的传播速度也只有无线电信号的一百万分之一。这样就产生了一个有趣的问题——去听钢琴演奏时，谁先听到钢琴的声音：是坐在音乐厅里离钢琴 10 米远的听众，还是距离音乐厅 100 千米用无线电收听这场演出的听众呢？

貌似奇怪的事情发生了，无线电听众与钢琴的距离几乎是音乐厅里的听众与钢琴的距离的 10 000 倍，可是无线电听众却先听到琴音，因为无线电波传送 100 千米的距离所需要的时间是 $\frac{100}{300\,000} = \frac{1}{3\,000}$ 秒，而声音传送 10 米距离所需要的时间是 $\frac{10}{340} = \frac{1}{34}$ 秒。

显而易见，无线电传播声音所需要的时间，大约只有空气传播声音所需要的时间的百分之一。

声音和枪弹哪个速度更快？

儒勒·凡尔纳的小说里的炮弹飞向月球的时候，炮弹里的乘客对一件事感到奇怪——大炮发射炮弹时是有声音的，他们已经被发射出去了，可身在炮弹里的他们却一直没有听到大炮发射时的声音。其实，这并没有什么好奇怪的，因为炮声的传播速度与炮弹发射的速度是不一样的。炮声的传播速度是 340 米 / 秒，而炮弹的速度是 11000 米 / 秒。这时无论炮声多么大，都赶不上炮弹发射的速度，身在其中的乘客自然也就听不见炮声了[①]。

这里我们先放下那个幻想中的炮弹，谈一下真正的子弹：是子弹运动的速度更快，还是声音的速度更快呢？人在面对射击时，是否能因为事先受到警告就躲开子弹呢？

现在的步枪发射出的子弹速度约为空气里的声音速度的 3 倍，就是每秒 900 米左右（0℃时声音在空气中的传播速度是 332 米 / 秒）。需要注意的是，声音是匀速传播的，而子弹飞行的速度却越来越慢。可是在大部分路线上子弹的行进速度仍然比声音的传播速度快。通过这些数据我们可以直接得出结论，如果某人已经听到了枪声或子弹的啸声，那他完全没必要再惶恐或是去躲避它了——不出意外的话，此时子弹已在他的身体里了。还有一种可能就是根本听不见枪声，因为子弹比声音快，当声音到达的时候，人已经被击毙了。

流星为何给人以爆裂的错觉？

飞行中的物体和它发出的声音，在速度上也是有差异的，它们的"竞赛"有时会使我们先入为主地做出错误判断，以致得出跟实际现象完全不同的结论。

从我们头上掠过的流星或炮弹就是有趣的例子。流星从宇宙空间坠入地球大气层时，它的速度是非常快的，即使大气的阻力使它的速度减慢了很多，它的速度依然是声速的几十倍。

流星在大气层中坠落时，会发出一种类似雷声的声音。如图 137 所示，假设我们站立在 C 点，有一颗流星在我们上方沿着 AB 线划过。流星在 A 点发出的声音，我们的耳朵（在 C 点）可能在流星已经飞到 B 点时才听到。

---

① 许多新式飞机都是超声速的。1947 年 10 月 14 日，美国空军上尉查尔斯·耶格驾驶 X—1 试验飞机在 12800 米高空的飞行速度达到了 1278 千米 / 时，实现了人类对声障的首次突破。——译者注

因为流星的飞行速度要比声音的传播速度快得多，它在 D 点发出的声音，因为距离问题，可能反而比它在 A 点发出的声音先到达我们的耳朵。因此我们先听到的是从 D 点来的声音，然后才听到从 A 点来的声音。又因为从 B 点来的声音也比从 D 点来的声音到达得更迟，所以在我们头顶上某处应当有这样一点 K，从这一点上，流星发出的声音应当最早到达我们的耳朵。爱好数学的人如果知道流星速度跟声音速度的比，就能够计算出这个点的位置来。

图 137

根据上述现象我们得到这样的结论：我们听到的和我们看到的是有区别的。我们的眼睛是先在 A 点看到流星，并看着流星沿着 AB 线飞过。可是对我们的耳朵来说，流星首先出现的地点是我们头顶上的 K 点，并有可能我们同时听见两个声音，而这两个声音是向着相反的方向前进的，且越来越小。这两个方向分别是从 K 到 A 和从 K 到 B。换句话说，这颗流星在我们听来已经爆裂成了两部分，向两个相反的方向飞去。可实际上根本没有爆裂这回事，一切只是由于这种听觉上的错觉而已。

声音的传播速度若变慢会怎样？

如果声音在空气里传播的速度不是 340 米／秒，而是比这慢很多，那我们听觉上的错觉也一定会变得更多。

举例来说，如果声音每秒钟不是传送 340 米，而是仅仅传送 340 毫米，换句话说就是比人走路的速度还要慢，那么我们可以设想这样一个场景：你坐在一个地方听你朋友给你讲故事，你的朋友却不肯站在一个固定的地点，而是在屋子里来回走动着讲。正常情况下无论他怎么走动，或者走多么快，都不会影响你听故事。但是当声音的传播速度比走路还慢时，你就完全没有办法听清你朋友在说什么了。随着他与你之间距离的不断变化，可能他先说的话会和后说的话同时到达你的耳朵，这样几个声音混在一起，在你听来就是一片杂声，什么也听不出来。

还会有这样的情况：当你的朋友向你快步走来时，他的话还可能会变成倒序。他后说的话先传到了你的耳朵，而他先说的话反而要迟一些才到达。因为说话的人总是走在自己声音的前面，并不断地发出新的声音。这时候他说的话就完全没有办法听了，除非我们不断地为这些声音调整顺序，否则什么也听不懂。

如果你认为声音在空气中传播的真实速度已经足够快的话，那么当你读了下面这一段文字，你的想法可能就会有所改变了。

假设莫斯科和彼得堡之间没有电话，只是安装了传话筒，就是从前那种在大商店里连接各个房间的传话筒，或者在轮船上为了同机器间通话而装设的传话筒。现在，你站在这个长线路的莫斯科这端，你的朋友站在彼得堡的那端。你说了一句话，然后等候对方回答。这个等待时间可能是 5 分钟，也可能是 10 分钟、15 分钟、20 分钟、25 分钟。如果长时间得不到回应，你可能就会开始焦急，忍不住猜想你的朋友怎么了，是否出了意外等。可是你这种担忧很多时候是多余的，因为很有可能你的信息根本还没有传到你朋友那一头呢。就这样又等了二三十分钟，你朋友终于能听到你这边的话，并给了答复。可他的答复传递回来还需要同样长的时间。这样，你们之间的一句对话，就得需要一个多小时才能完成。

不相信的话，我们可以通过计算来验证一下：声音每秒钟传输 $\frac{1}{3}$ 千米，莫斯科到彼得堡的距离是 650 千米，声音“走完”这段距离需要 1 950 秒钟，也就是 33 分钟左右。如果靠这种传话筒交流信息，即使你们从早到晚都在通话，最多也只能彼此交换十几句话而已①。

原始部落是如何传递信息的？

非洲、中美洲和波利尼西亚群岛的原始部落的人广泛运用声音信号传递消息，他们向遥远的地方传递信息时使用一种特殊的鼓（"发报机"，见图138）。听到声音的地方也会利用鼓声将信息传送到下一个目的地。这样，关于某件事的重要信息就会在很短的时间内被整个区域的人们知道。

图138

第一次世界大战期间，在意大利与埃塞俄比亚的战斗中，意大利的每一次军事行动都会被埃塞俄比亚人快速知道，埃塞俄比亚人因此可以提前做好准备，给意大利军队沉重的打击。意大利军队的指挥官们对当地人的"击鼓电报"毫不知情。

在意大利与埃塞俄比亚的第二次战争中，当地人同样以鼓声传递信息，在亚的斯亚贝巴（埃塞俄比亚的首都）发出的战争动员令在短短几个小时内就传遍了全国各地的部落。

在英国与阿非利坎人（阿非利坎人是居住在南非的荷兰、法国和德国移民的后裔形成的混合民族的称呼）的战争时期，人们利用这种"电报"将一些指挥部的重大军事情报在几昼夜间迅速传播给开普兰的居民们。

---

① 这里作者略去了声音的振动随距离而减弱的影响因素。实际上，在这样长的线路两端，通话的人是什么也听不见的。

旅行家列奥·弗罗贝纽斯证实了这种在非洲各部落广泛应用的声音传信系统。他说电报的发明者不是应用光电信号发电报的欧洲人，而是这些击鼓传递信息的非洲人。

伊巴丹位于尼日利亚内陆，那里有一座布里顿博物馆，该馆的考古学家卡谢里津在他的一本旅行日记里也有相关的记述。他记述了当时的景象，那里隆隆的鼓声不分昼夜地响着。有一天早晨，他遇见一群黑人在热烈地讨论着什么。他向一位军官打听，那人告诉他一艘白人的船被击沉了，很多白人死掉了。沿岸各地通过"鼓语"都知道了这件事情。当时考古学家并没太在意这件事，毕竟它只是传言。3 天后，他收到了一封电报——由于通信中断，这份电报迟到了一些。电报里确认了船只沉没的消息。这时他才相信了黑人们的信息。这信息是伴随着隆隆的鼓声传递来的，而且它已经传遍了从伊卡尔到伊巴丹的每一寸土地。让他不解的是这些部落之间并不和睦，有时还会彼此攻击，而且语言也不一样，可这并没有妨碍他们通过鼓声传递信息。

什么是声云？

声音在传播的时候，不仅会被坚硬的障碍物反射，在遇到云一类柔软的东西时也会被反射。在一定条件下，如某一部分空气的传声能力不同于其他空气时，甚至连完全透明的空气对声音也有反射作用。空气反射声音的现象同光学里所谓"全反射"相似。声音被一道无形的障壁反射了回来，这时候我们听到了声音可是却不知道声音从哪里来。

英国著名物理学家丁达尔在海边做声音信号实验的时候偶然发现空气能反射声音这一现象。他说道："我曾经听到过从空气反射过来的回声。这种回声好像是用魔术从无形的声云里送回来的。"

什么是声云呢？声云就是能够部分截住声音并使它反射回来，以至于产生"从空气来的回声"效果的透明空气。对此，丁达尔是这样说的：

声云跟飘浮在空中的普通云雾是没有什么关系的，虽然它也飘浮在空中。在透明度高的空气里可能就有这种云。对这样的空气发声就会得到空气回声。这与现在普遍流行的解释是相反的，因为最明朗的大气里这种回声也是可能发生的。我们可以通过观察和实验证实这样的空气回声的存在。空气回声的产生也与冷热不同或所含的水蒸气数量不同的气流有很大的关系。

在战争时期，有时候人们看到的怪现象也能够用声云的存在来加以解释。丁达尔在一位参加过 1871 年普法战争的人写的回忆录里引了下面一段话：

6 日早晨与前一天早晨的天气完全不同。昨天是大雾而且极其寒冷，大雾使能见度很低，也就 200 米。可是 6 日的天气晴朗而暖和。昨天空中充斥着各种声音，而今天却平静得让人质疑这是否是在战争时期，简直就是战争中的"桃花源"。大家惊异得你看着我，我看着你。难道巴黎和它的堡垒、大炮、轰击都消失得无影无踪了吗？……我坐车来到了蒙莫兰西，巴黎北郊宽广的全景展现在我眼前。可是这里也是一片寂静……我遇到三个士兵，于是大家坐在一起猜测当前的局势。战争时期这么静，大家觉得可能战争要结束了，应该是正在和谈了——一定是这个样子的，不然为什么从清晨起就没听到过一声枪响……

等我到霍涅斯时这里的事情却让我感到惊奇。因为当地人说德国人的大炮从早晨 8 点钟起就开始猛烈地轰击。而在南方的炮击也几乎是同时进行的。可是在蒙莫兰西却什么也没有……这一切都和空气有关系：昨天它的传声能力很好，而今天它的传声能力很差。

1914 年到 1918 年的第一次世界大战当中，类似的现象也曾经多次出现过。

有些声音为什么人听不见？

大多数人可以听见蟋蟀的鸣声或蝙蝠的吱吱声那样尖锐的声音，有些人却听不见。这些人的听觉是没有问题的，他们只是听不见非常高的音调。丁达尔曾经坚定地说，麻雀的叫声那么大，可有些人还是听不见。

我们的耳朵能听见身边事物发出的振动，但并不是所有振动都能听到，也有很多是听不见的。如果一个物体 1 秒钟振动的次数低于 16 次，那它发出的声音我们就听不见。频率低的听不见，频率过高的，比如振动频率高达每秒 15 000 次甚至 22 000 次，我们也听不见。再就是每个人能够察觉到的最高音调是不同的，比如老年人可以觉察到的最高音调可以达到每秒钟振动6 000 次。因此有时候会发生这样奇怪的现象：有些人能听到刺耳的高音，有些人却听不到。

有许多种昆虫（像蚊子和蟋蟀）发出的声音，振动频率为每秒钟 20 000次。这些音调有些人听得见，有些人听不见。这就是为什么在有些人觉得很吵闹甚至有非常刺耳声音的地方，有些人却感到十分安静。因为他们根本就不能觉察到高音。丁达尔曾经谈到一件事，他和一位朋友在瑞士游玩，当时路两旁的草地里有许多昆虫。丁达尔可以清楚地听到草丛里昆虫们的鸣叫声，可是他的朋友却什么也听不见，因为昆虫的鸣叫声已经超出了他听觉的音频范围。

蝙蝠的叫声比昆虫的鸣叫声要低一个八度，也就是说，蝙蝠鸣叫时，空气振动的频率低了一半。即便如此，仍然有人听不见蝙蝠的叫声，因为他们的音调觉察力的最高限比这还要低。

有的动物的音调觉察力的极限很高，巴甫洛夫的实验显示，狗能够察觉到振动频率达每秒 38 000 次的音调——这已经是"超声"振动的领域了。

随着技术的发展，今天的物理学家和技术专家可以创造出振动频率更高的"声音"——振动频率高达每秒 10 000 000 000 次的超声波，一种比前面提到声音的高得多的"听不见的声音"。

超声波的一种产生方法是利用了石英片的一种性能。石英片是从石英晶体上用一定的方法切下来的，在压缩的情况下，它的表面会起电[①]。如果让这种石英片的表面周期性地带电，在电荷的作用下石英片表面就会交替地一伸一缩，也就是发生振动，使我们得到超声波振动。使石英片带电，得用无线电技术里所用的电子管振荡器，振荡器的频率可以挑选同石英片"固有"

---

① 石英晶体的这种性能叫作压电效应。

振动周期相合的 ①。

我们虽然听不见超声波，但能用其他极显明的方式来感受它们的作用。例如，把振动着的石英片放进油缸里，那么受超声波作用的那一部分液体的表面，就会激起高达 10 厘米的波峰，同时还有小油滴飞溅到 40 厘米高的地方。手持一根长 1 米的玻璃管，将它的一头浸在这个油缸里，这时你的手就会感到非常烫，这个温度甚至会在皮肤上留下伤痕。如果玻璃管的一端放的是木料，那么木料会被烧出一个洞，这时超声波的能量变成了热能。

如今，超声波早已被世界各地广泛研究和利用。这种振动会对生物造成很强烈的影响，比如：海草纤维会被超声波振裂，动物的细胞会被超声波振碎，小鱼和蛙类会在一两分钟里被超声波杀死。

用超声波做动物实验时，人们发现动物的体温会升高，譬如老鼠的体温会升高到 45℃。超声波并不是只有破坏作用，它在医学方面将会起到相当重要的作用。正如看不见的紫外线能帮助医师治病，听不见的超声波同样可以帮助医师治病救人。

超声波目前在冶金方面已经有了很大的成就。金属内部是不是均匀、有没有气泡或裂缝等情况都可以利用超声波来探查。那么如何利用超声波来"透视"金属呢？将需要检查的金属浸在油里，使它受到超声波的作用。超声波遇见金属里不均匀的区域就会漫射开，投射出一种"声音的阴影"来。这样在均匀的油面上就会出现金属的不均匀部分的轮廓，这个轮廓非常明显，甚至可以拍摄出来 ②。

厚度在 1 米以上的金属都可以用超声波"透视"，这是 X 射线透视完全做不到的。哪怕是小到仅 1 毫米左右的不均匀部分也能被超声波发现。毫无疑问，超声波是有非常远大的前途的 ③。

---

① 石英晶体很贵，产生的超声波不强，常用在实验室里。技术上应用的是人造的合成物质，例如钛酸钡陶瓷。

② 现在有一种特制的超声波接收器可以代替油，利用这种接收器来测量，工作简单多了。

③ 有趣的是我们在自然界也会遇到超声波。风声和海潮声里有相当于超声波区的那种频率。许多种动物（如蝴蝶和蝉）都有发射和使用超声波的本领，还有蝙蝠会利用超声波来飞行，它们能从反射回来的超声波信号中认出路上的障碍。

声调是怎样改变的？

影片《新格列佛游记》里的那些小人是用高音说话的，因为只有高音才与他们的小舌头相符，而巨人比佳却用低音说话。

拍摄影片时有一个很有意思的情况：其中扮演小人的都是成年人，而扮演比佳的却是个孩子。那么影片又是怎样改变他们声调的呢？在听了导演的解释之后，我还是感到十分诧异。他说在拍摄的时候演员们都是用自己原有的嗓音说话的。他在拍摄的过程中根据声音的一种物理特点想办法改变了音调。

为了达到播放时小人的声音变高、比佳的声音变低的效果，电影导演用慢放的录音带来记录小人演员的说话；相反，又用快放的录音带来记录比佳的说话。在银幕上却用普通的速度放映影片。

了解了这些，再看影片的效果，大家就不难理解了。观众在听小人声音的时候，因为它比正常的声音振动频率高，所以音调就变高了。而比佳的声音比正常的声音振动频率低，这样听起来音调当然就低了。在这部影片里，小人说话的音调要比普通成人高一个五度音程，而比佳的音调却比普通音调低一个五度音程。

"时间放大镜"就这样被巧妙地用来处理声音。我们听留声机的时候，如果所用的速度超过录音的速度（每分钟 78 转或 33 转），或者慢于录音的速度，也可以得到这样的听觉效果。

火车上的汽笛声为何会变化？

如果你对音调的变化很敏感的话，那么迎面开来的火车从你旁边经过时，你一定会注意到火车汽笛声的音调变化（这里是说音调，也就是声音的高低，不是响度）。两列火车不断接近时的汽笛音调，相比两列火车相背离去越开越远时的音调，要高得多。当火车以 50 千米 / 时的速度行驶时，其汽笛音调的变化几乎可以达到一个全音程。

是什么原因导致了这种现象的出现呢?

大家都已知道音调的高低同振动的频率有关,所以这里边的原因就不难猜想到了。

理论上,当你向着声源走近的时候,每秒钟听到的振动次数会比火车汽笛发出来的声波的振动次数多。事实正是这样,这时耳朵已经能听出它的振动次数增多了——因为它的音调已经提高了。反过来,当你背向火车行走的时候,你听到的振动次数是逐渐减少的,那么音调听起来也是不断降低的。

如果你还不能完全信服这个解释,那你可以仔细思考一下或者直接去研究一下,从火车汽笛里发出来的声波是怎样传播的。首先研究一下火车不动时的情况(见图139)。汽笛发声使空气也跟着产生波动,简单起见,我们假定只看到 4 个波(图中上面那条波状线):波从不动的汽笛里出来以后,它在任何时间间隔里,向一切方向传播的距离都是相同的。0 号波会同时到达观察者 A、观察者 B 的位置。1 号波、2 号波、3 号波等也会同时传到两个观察者的耳朵里。两个观察者每秒钟可以接收到同样数目的振动,因此两人听到的音调也是相同的。

图 139

如果火车是一边行驶一边鸣着汽笛从 B' 驶向 A'(图中下面那条波状线),这时情况就发生了变化。假设火车在 C' 点鸣汽笛,当它发完了 4 个波的时候，它已经行驶到了 D 点。

现在我们可以比较一下，这时声波是怎样传播的。从 C' 点发出的 0 号波，到达 A' 和 B' 两个观察者的时间是相同的。可是在 D 点发出的 4 号波，到达两个观察者的时间就不相同了：路线 DA' 比路线 DB' 短，因此这个波来到 A' 点的时刻比它来到 B' 点的时刻要早。中间的那些波（3 号波、2 号波、1 号波）也要先到 A' 后到 B' ，不过相差的时间要短些。结果会怎么样呢？在同一时间里 A' 点的观察者收到的声波振动次数一定比 B' 点的观察者收到的多，于是 A' 点的观察者听到的音调也比 B' 点的观察者听到的高。同时，从图里还可以看出，走向 A' 点的波，它的长度也相应地比走向 B' 点的波要短些①。

这种关于声波的现象是物理学家多普勒发现的，所以这个现象就以他的名字来命名。这种现象在声音的传播上出现，在光的传播上也有，要知道光和声的传播方式是一样的，都是以波的形式传播。波的频率增加时，在声音方面，我们感觉到音调变高，在光的方面，我们会觉察到颜色的变化。

根据多普勒定律，天文学家能判断出某一颗星是向着我们移动还是远离我们，甚至还能测定它们移动的速度。

天文学家是通过出现在光谱上的一些暗线向一旁移动这一现象进行研究的。天文学家通过仔细研究天体光谱上暗线移动的方向和距离得到了许多惊人的发现。例如，基于多普勒现象，我们现在知道天狼星——天空中最亮的星——在以 75 千米 / 秒的速度远离我们。这颗星离我们非常遥远，可即使再远几十亿千米，在我们看来它的亮度也不会有什么改变。假如没有多普勒现象帮助我们，我们大概很难知道这个天体的运动情况。

物理学是一门涉及领域很广的科学，事实也证明了这一点。通过这一定律，人们知道了声波的规律。随后光波物理学也运用了这一规律，哪怕光波只有万分之几毫米。人们还利用这些知识来测量那些在无边无际的宇宙空间里急速飞行的庞大恒星的动向和速度。

---

① 必须指出，图上的波状线并不代表声波的形状，空气里的微粒的振动是顺着声音的方向的（纵波），不是跟声音的方向垂直的（横波），这里画的振动是垂直方向的，这只是为了使读者看起来方便，这里的波峰代表着声音的纵波上被压缩得最紧的地方。

看错信号灯得达到怎样的速度？

1842 年，多普勒第一次想到，观察者与声源或光源的距离发生变化时，观察者应该能觉察到声波或光波的波长变动。这时他又提出了一种大胆的想法，人们之所以看到恒星有各种不同的颜色，就是因为距离的变化。他觉得恒星本身的颜色都是白的，而我们看到的许多恒星却各有颜色，是因为它们不断地做着高速运动。快速向我们靠近的白星向地面上的观察者发出缩短了的光波，于是使我们有了绿色、蓝色或紫色等不同视觉感受。当白星很快地远离我们时，它的颜色在我们看来又变成了黄色或者红色。

这个想法的确是独特的，可它是不对的。如果我们看到恒星的颜色变化是因运动而产生的，那么恒星就必须以每秒几万千米的速度运动。即使这样还是达不到预期效果：因为在飞来的白星发出的蓝光变成紫光时，它的绿光也会变成蓝光，紫光变成紫外线，红外线变成红光。也就是说，白光里的各种成分依然存在，仅仅是光谱中颜色的位置发生了变化，可这些颜色并没有消失几种，所以它们的总和在我们的眼睛里是不会有什么改变的。

至于和观察者相对运动的恒星的光谱里暗线位置的移动，就另当别论了：利用精密的仪器可以准确地测出暗线位置的移动，这样我们能够从看见的光线来判断恒星运动的速度，好的分光镜能将 1 千米 / 秒的恒星速度测算出来。

现代物理学家乌德，有一次开车太快，以至于在红灯亮起时没来得及停下来，被警察拦住了。警察准备给他开罚单。这时乌德想起了多普勒的这一错误，于是他告诉交警，当车辆快速行驶时，红色的光会被看成绿色的。可惜这位警察不精通物理学，否则他一定能够算出，汽车的速度必须达到每小时 135 000 000 千米，才会出现乌德所说的这种情况。

具体算法是：如果用 l 代表光源发出的光的波长（这里的光源是信号灯），l' 代表观察者觉察到的光的波长（这里的观察者是汽车里的科学家），v 代表汽车的行驶速度，c 代表光速，那么，根据理论，这些数值之间的关系为

$$\frac{l}{l'} = 1 + \frac{v}{c}$$

我们知道，红色光线里最短的波长是 0.0063 毫米，绿色光线里最长的波

长是 0.0056 毫米，又知道光速是每秒 300 000 千米。把这些数字代到上面的式子里，得到 $\dfrac{0.0063}{0.0056} = 1 + \dfrac{v}{300\,000}$，从而得出汽车的速度是 $v = \dfrac{300\,000}{8} = 37\,500$ 千米/秒，或者 135 000 000 千米/时。如果乌德有这样的速度，那他在 1 小时多一些的时间里行驶的路程，相当于从地球到太阳的距离，甚至比这还远。据说他的解释最终没有起作用，还是因"超过规定速度"被罚了款。

以声速离开音乐会时会听到什么？

如果你用声速离开一场音乐会，那么离开时你会听到些什么呢？

一个人乘坐邮政火车从彼得堡出发，在沿路所有车站上遇见卖报人时，会发现这些人手里的彼得堡报纸都是在他出发那天出版的报纸。这是不难理解的，因为这一天的报纸是同旅客一起出发的，而后来新出版的报纸需要后面来的火车送过来。如果拿这做参照的话，也许就可以得到这样的推论：用声速离开音乐会的时候，我们只会听到同一个音，那就是我们出发时音乐会正在发出的那个音。

可惜这个推论是不成立的。如果以声速离开演出现场，在这种速度下声波相当于是不动的，我们的耳膜根本就不会因它而振动，也就是说，我们以声速离开时不会听到任何声音，也就相当于音乐会在那时已经停止演奏了。

为什么报纸的情况完全不同呢？因为两件事根本就不具有可比性。如果这个人忘记了自己是在乘坐火车前进的话，当他看到到处都是拿着同一天报纸的人时，他一定会以为，彼得堡的报纸从他出发那一天起已经停刊了。对他而言，报纸像是已经停刊了，就像以声速离开音乐会的听众觉得音乐已经停止演奏了一样。这个问题其实并不太复杂，可有趣的是，科学家有时会被它弄糊涂。在我还是一名中学生时，我同一位天文学家（已去世）就这一问题发生过争论。当时他觉得这个结论是荒谬的，坚持说如果我们用声速离开，我们应该只会听到同一个音。为此他还特意写信给我陈述了自己的理由，相关内容摘录如下：

　　设想在你离开时，某一声调的音在响着，它当时是这样响着，将来也会一直这样响下去。该空间的听众一定会有序地听到这声音，只要这个声音一直不会减弱。那么如果我们用声速甚至用思想的速度来到任何一位听众所在的地方，为什么就不能听到它呢？

他还用同样的理由证明，一个用光速离开闪电的人，也会不间断地看见这道闪电。他在写给我的信里说：

　　设想许多眼睛在空间有序地排列着，每一只眼睛都会接收到光线。又假设，你可以随意到达每一只眼睛所在的地方，那么，显然你就可以一直看见闪电。

可惜他的这两种说法都是不正确的：在上面所说的条件下，我们是听不到声音也看不见闪电的。通过上一节的式子我们就能看出这一点。我们在这个式子里假定 $v = -c$，那么眼睛所觉察到的 l' 就变成了无限，也就等于没有波。